[美]安布鲁斯·布尔斯
著

赵晓鹏
译

万物

物

奇葩说

THE DEVIL'S
DICTIONARY

民主与建设出版社
·北京·

前言

　　本书内容最早于1881年，刊登在美国的一份周刊上，之后又曾断断续续地刊登在多家报刊上，再后来就一直无人问津地处于冬眠状态。直至1906年，方有出版商冠以《愤世嫉俗者小词典》（*The Cynic's Word Book*）的名字集结出版。对于这个书名，身为此书的作者，我既无权拒绝，也无权赞同，这里就引用一下出版商的话加以说明吧。

　　上一家报纸出于宗教上的顾忌，给出了《愤世嫉俗者小词典》这一名字。这一名字的出现，引来了全国各地的模仿者，致使这一类书名泛滥成灾——《××愤世嫉俗者小词典》《愤世嫉俗者××词典》，还有《××愤世嫉俗者××词典》，此起彼伏，纷纷出现。这些书的大部分内容都是愚不可及的，其中的区别就在于愚蠢境界的不同罢了。他们如此这般的行径，令"愤世嫉俗者"一词大受伤害，弄得人们听到"愤世嫉俗者"一词就反感，使得这类图书在出版之前就被骂得狗血淋头了。

与此同时，我们美国本土的一些颇富冒险精神的幽默作家，早已根据自己的喜好，开始暗中使用本书中的一些词语，其中不少的定义、逸闻、短语等，早已或多或少成为人们日常生活里的一种时尚或流行语了。

本作者之所以在此做出这番解释，并不是本作者为这点无足挂齿的小事儿自鸣得意，只是想把可能出现的剽窃指控掐灭在源头，毕竟——剽窃指控从来都不是小事儿。恰逢本书得以再次刊印发行之时，本作者渴望那些见多识广的——喜欢干红多于甜酒，热爱理智超过情感，钟情机智胜过幽默，宠信正统的英语甚于方言俚语的——有头脑人士，不至于因此判我有罪。

本书一个颇为抢眼的、希望不会扫兴的特点是，书中旁征博引了许多著名诗人的诗句，其中某位神职人员的诗句是我灵感的源泉，他仁慈的鼓励和帮助，更使本作者的这部平庸之作饱受恩惠与润泽。

安布鲁斯·布尔斯

生物世界篇

生理机能篇

人物形象篇

社会人生篇

职业职场篇

政治战争篇

日常生活篇

人际交往篇

教育学术篇

百科知识篇

艺术相关篇

情感思维篇

状态特征篇

哲学哲理篇

神话传说篇

行动行为篇

法律罪案篇

天文宇宙篇

黎明 | dawn

理智之人上床睡觉的时间。

有些上了年龄的人喜欢在这个时候起身，冲个冷水澡后，空着肚子走很长的路，或是用其他各种方法去折腾自己的皮肉。他们还常常豪迈地宣称，正是有了这类活动，他们才能身强体壮、延年益寿。事实上呢？从事此类活动的他们，之所以能如此活蹦乱跳、个个身体棒极了，并活上一大把年纪，并不是由于他们这种自我折腾的习性，不过是因为另外那些这样折腾自己的人都死了罢了。

一天 | day

二十四小时的时间，大部分都被浪费了。这段时间往往被分为两部分：一部分是白天——它往往被耗在做生意的罪孽之中，另一部分是黑夜（或不恰当的白天）——它都被虚度在做生意之外的罪孽中，需要说明的是，这两种社会活动经常是交替进行的。

新月 | crescent

婴儿期的月亮，被情人嫌弃亮却被强盗嫌弃黑。

运动 | motion

物体的一种性质、状态。对于运动的存在，许多哲学家曾否认这种可能性。他们指出，一个物体不能在它所在的地方运动，也不能在它不在的地方运动。但也有一些人附和伽利略的观点，认为"它们就是在移动"。到底谁对谁错呢？这可不在本作者的职责范围内。

明天 | morrow

做好事、改过自新的那一天，也是幸福开始的那一天。

十一月 | November

十二份厌倦中，最后一份厌倦的前一份。

过去 | past

永恒的一块，我们对它只是支离破碎地了解少得可怜的一丁点，且常常为它后悔不已。一条叫作"现在"的移动不定的线把它和那个叫作"将来"的想象出来的时间分离开来。"过去"和"将来"这两块时间，彼此毫无共同之处，前者从不间断地抹掉后者。

"过去"因悲伤与沮丧而一团漆黑，"将来"却被成功的希望与欢乐照亮。"过去"是充满了哭泣的乡土，"将来"是洒遍了歌声的城邦。在"过去"的角落里蜷缩着"记忆"，他衣着破烂，满面风尘，歪在那里咕咕哝哝地忏悔；而在"将来"的光辉下，"希望"之鸟展翅翱翔，在对成就的圣殿和安宁的住宅歌唱。不过，"过去"是昨天的"将来"，"将来"是明天的"过去"，它们是一样的——都是知识与梦幻。

史前的 | prehistoric

属于早期的时代和博物馆，诞生于使谎言千古通用的艺术和实践产生之前。

天气 | weather

某一钟点的天空气氛。天气是大家谈论的永久主题，即使他们对它丝毫没有兴趣。人们之所以爱谈论天气，是因为他们从远祖那里继承了谈论天气的癖性，天气对那些栖居在树上的祖先来说实在是关系太密切了。气象局一个接一个地成立，它们一天接一天地预言，这很鲜明地表露了，就连现代政府都甩不脱丛林里野蛮的远祖的习性。

一年 | year

历经三百六十五天失望的一段时间。

昨天 | yesterday

青年人的童年，中年人的青春，老年人的整个过去。

自然地理篇

澳大利亚 | Australia

南半球海洋中的一个国家。为了确认这个国家是一块大陆还是一个岛屿，地理学家们进行了一场漫长的争执，结果导致这个国家的工业和商业发展严重滞后。

公墓 | cemetery

城市远郊与世隔绝的一个地方。在那里，哀悼者竞相说着谎，诗人们竞相带着不可言说的目的写着诗，石匠们竞相为了一笔笔赌资劳作着。

衣冠冢 | cenotaph

死尸不在其中的坟墓。这人，或许正在其他什么地方快活呢！

距离 | distance

唯一一种富人甘心让穷人据为己有的东西。

打火石（人造合金）| flint

心脏的一种重要构成物质。它的构成比例是：硅98%，氧化铁0.25%，氧化铝0.25%，水1.5%。当它被用于制作编辑之心时，水往往全漏光了；当它被制成律师之心时，则需要再加水——但转眼就结成了冰。

洪水 | flood

程度极高的一种潮湿现象。具体地说，是指贝罗索斯和摩西都曾描述过的一场暴风雨，根据后者的计量，当时二十四小时内的降水量约达八分之一英里（200米）深，持续时间约四十天。而前者显然没有测量降水量，因为他只是简单地说天下了倾盆大雨。这位颇有学问的作者在一块砖上画了一些沐浴的标志，"考虑到这个季节，这是一个相当适宜的沐浴机会"。

雾 | fog

把旧金山空气彻底分解之后留下的物质，其成分主要有：阴沟臭气、灰尘、尸体腐臭、病菌等。

上午 | forenoon

夜晚后半段的一种俗称。

黄金 | gold

一种黄色的金属，因在被称为"贸易"的各种活动中，它用起来更趁手而备受珍视。

污垢 | grime

一种广泛分布于自然界中的奇特物质，但在美国的各大政客手中积存最多——毕竟它在金钱上也是无法溶解的。

港口 | harbor

船只用来躲避海上风浪的避难所，却不得不置身于关税风暴的侵袭之下。

飓风 | hurricane

一种曾经很常见的、集中的空气示威游行，现在已被"龙卷风"和"台风"撵走。但是，在西印度群岛仍然很流行，很受一些老派船长的喜爱。它经常参与蒸汽船上层甲板的改造，但一般来说，飓风的作用已经超过了它。

大地 | land

地球表皮的一部分，被视为一种财产。土地是个人拥有支配权的私有财产，这一理论是现代文明的基石，并与其上面的建筑珠联璧合。由这一理论产生的逻辑推论是，有些人有权不让他人生活，因为"私有"表明就是独享，意味着不与他人共同拥有。事实上，哪里有土地私有制，哪里就有禁止进入私人土地的法律。如果整个大地被A、B、C三人全部占有，那么D、E、F、G等人就连降生的地方都没有了，或者说是从出生起，就成为非法侵入他人土地的犯罪分子，并只能以此身份生活。

铅 | lead

一种重的蓝灰色金属，常用于稳定性情轻浮的恋人的情绪——特别是那些不明智地爱别人妻子的人。当出现争执时，铅也是保持平衡的重要砝码，只是它的分量实在太重了，往往会使争执的天平朝另一个方向偏去。在化学方面的国际争端中，一个有趣的事实是，当两种爱国主义碰撞到一起时，往往会使用到巨量的铅（铅是子弹芯最常用的材料）。

灯塔 | lighthouse

建在海边的一种高瘦建筑物，政府在里面点了一盏长明灯，它是政客的一位好友。

磁体 | magnet

受磁力吸引的东西。

西方 | occident

位于东方之西（或以东）的一块世界。这一地区的主要居民是基督徒，是伪君子族中力量最强大的一族，他们的主要产业是谋杀和欺诈，他们美其名曰"战争"和"商业"。不过，在东方，这两大产业也是支柱产业。

海洋 | ocean

水的肉体，它塞满了这个世界的三分之二空间，它专门为人类准备——而人却没有鳃。

港口 | port

在这儿，船只逃开了风暴的袭击，却被海关人员砸得粉碎。

普鲁士 | Prussia

一个出产香肠、啤酒、大炮和弹药的国家。

镭 | radium

一种矿物，它能发射出热能并刺激使科学家变成傻瓜的一种矿物质。

路 | road

一块被榨干了的土地，沿着它你可以从某个活腻了的地方到另一个同样空虚的地方。

华尔街 | Wall Street

让恶魔都要自愧不如的罪孽象征。华尔街是个大贼窝——这种认知极大地振奋了那些失意的窃贼，他们宁可进华尔街，也不愿进天堂。就连伟大而善良的钢铁霸主安德鲁·卡内基在事业的紧要关头，也表达了相近的念头。

生物世界篇

蝰蛇｜adder

亦称宽蛇，有剧毒，因其加宽了全人类生活费用中的丧葬费用，故有此名。

短吻鳄｜alligator

一种美洲鳄，相比"旧世界"的鳄鱼，在各种性能上都强多了。希罗多德说，唯有印度河的鳄鱼例外，但那里的鳄鱼们后来都游到了西方，性能在那里得以进步。因短吻鳄的背上有锯条状鳞片耸立，又名锯齿鳄。

驴子｜ass

一种嗓音优美，却无辨音能力的大众歌唱家。

这种动物在各个时代和国家的文学、艺术、宗教中都受到广泛的称颂。没有哪种兽类能像这个高贵的家伙那样占据人类的思维，激发人类的想象力，甚至有人猜测它可能是一个神灵。假如把有关驴子的各种文献文章汇聚到一起，那可说是一座颇具规模甚至辉煌的图书馆，足以和"莎士比亚文库"和"《圣经》文库"相媲美。或者，也可以说，所有的文学都或多或少与驴子相关。

骆驼 | camel

娱乐行业中价值极高的一种四蹄兽。它一般分为两类：一类是合乎礼仪的，另一类是不成体统的，那些为捞大钱用于展览的骆驼都属于后一类。

猫 | cat

大自然提供的、一种柔韧性极高的、难以破坏的自动操作装置。人类生活不顺心时，把它们踢来踢去用以出气。

半人半马怪 | centaur

一种半人半马的生物，生活在劳动分工尚不发达时期的种族。他们的存在验证了一句古老的经济学格言："每个人都是他自己的马。"喀戎是半人半马族中最杰出者，他把马的智慧、美德与人的灵活完美地融合在一起。

小龙虾 | crayfish

一种硬壳水生动物，像极了龙虾，不过此龙虾易于消化。

恐象 | deinotherium

一种早已灭绝的、与翼龙生活在同一个年代的厚皮象类动物。

狗 | dog

一种额外的或附属的神，目的是满足人类日益增长的崇拜需求。这个身材娇小、满身丝滑绒毛的尤物，广受人类女性尤其是没有人类男性追求者的女性的欢迎。它无疑是一个幸运儿——也许是时代错误的产物。在它那辉煌灿烂的一生中，它无须操劳，也不用为生计发愁，只需每天吃得饱饱的，然后躺在门垫上，晒晒太阳，逮逮苍蝇即可。再说它的主人，为了能令其仁慈而慵懒地晃悠几下尾巴，不得不整天从早到晚地忙忙碌碌。

龙 | dragon

古代野生动物园里最具想象力、最吸引人的所在。可惜它似乎逃走了。

鸭嘴兽 | duck-bill

到了吃野鸭子的季节时，你在餐厅要付的账单。

可食用的 | edible

好吃、好消化又有益健康的。正如蛆虫对蛤蟆、蛤蟆对蛇、蛇对猪、猪对人来说一样。当然，人对蛆虫来说，也是这样。

大象 | elephant

动物王国里的小丑，拥有超级灵活的鼻子，以及大小有限的安放牙齿的仓库。

生存 | existence

一场转瞬即逝的、恐怖又荒诞不经的梦，只是它不可能是这样的：某一天我们被同床共枕的死神老友用一记胳膊肘轻轻撞醒，并喊着："呸，都是胡扯！"

青蛙 | frog

一种双腿味道极好的两栖动物。青蛙这位勤奋的歌唱家，有着高大、优美、动听的嗓音，只是耳朵不大灵光，这从它最喜欢哼唱的、简洁又明快的歌词——"呱呱呱"中可见一斑。

苍蝇 | fly

效忠于别西卜（神话中引起疾病的恶魔）的空中怪物。普通家蝇是分布最广的一种。

长颈鹿 | giraffe

一种动物，喜欢在让人头晕目眩的高度里，用迷雾沐浴它炽热的额头，并以此为它的顶峰，从那里俯视着你。

角马 | gnu

南非的一种动物。被驯化的角马既像马，又像水牛，还像公鹿。野生状态的角马则完全是另一种生物，更像是一股旋风、一场地震、一阵雷电。

鹅 | goose

一种能提供写字用的羽毛管的禽类。在大自然的神秘作用下，这种羽毛管本身就浸透和充满着这种禽类的才华和情感。当某个被称为"作家"的人用这种羽毛管蘸上墨水，机械地、思绪全无地在纸上涂写时，却发现跃然纸上的都是对这种禽类的丰富思想和情感的公正记录。通过这种巧妙的方法，我们发现了鹅类之间的巨大差异：它们中的某些，其力量是微不足道的，而另一些却是卓尔不凡的。

草 | grass

动物们喜欢的一种肉。

狮鹫 | griffin

一种长着野兽的身体和腿，以及鸟的头和翅膀的动物。现代人认为它已经灭绝了。不要说什么一切都是造物主的恩赐，就像骡子是马和驴的共同产物一样，狮鹫也只是鹰和狮子的共同产物罢了。

刺猬 | hedgehog

动物中的仙人球。

大麻 | hemp

一种植物，亦有"绞索"之意，人们用它的树皮纤维织成围巾，常常围在露天演讲者的颈部，以避免其伤风着凉。

冬眠 | hibernate

缩在自己的窝里，与世隔绝地度过冬季。关于各种动物的冬眠，有许多独特的流行观念。许多人认为熊在整个冬天冬眠，靠偶尔舔舐自己的爪子维持生命。因此，当它在春天结束冬眠之时，瘦弱异常，以至于必须得多看两眼才能捕捉到它的影子。三四个世纪前，英国一种普遍流行的观念是：燕子在河底的细泥里度过冬天，它们依偎在一起，结成球状体度过冬天漫长的几个月。很显然，越来越污秽不堪的小溪，迫使它们放弃了这一习俗。有些研究者认为，基督教大斋节的禁食，就是一种改良后的冬眠习惯，只是教会赋予了它宗教上的意义；但这一观点遭到了当时一位著名权威主教的强烈反对，他不希望他祖先的任何荣誉被剥夺。

半鹰半马兽 | hippogriff

一半是马、一半是鹰首狮身的动物（现已销声匿迹）。狮鹫本就是一种半狮半鹰的生物，因此，半鹰半马兽实际上只有四分之一是鹰，也就是2美元50美分。动物学的研究中真是充满了惊喜！

大黄蜂 | hornet

一颗重达几吨的炽热流星，偶尔会意外地打在一个人正面脸上，把他打昏。但一种主流的观点，认为它只是一只秃头的、由尾巴支配的昆虫。只是，一个在晴空中莫名被大黄蜂攻击过的人，并不满意这种观点，他能看着一张正在飞行的大黄蜂的照片，讲述出一个完全与众不同的故事。

马 | horse

文明社会的创始人和保护者。

杂交生物 | hybrid

问题的集大成者。

九头蛇 | hydra

一种被古人列入多头动物名下的动物。

鬣狗 | hyena

东方一些国家中经常在夜间出没于坟地，且人们普遍对它心生敬畏的一种动物——值得一提的是，医科学院的学生也是如此。

孵化 | incubate

蹲下，坐正，压好。一般而言，指的是从蛋中把家禽孵化出来，即使人工方法也是如此。

袋鼠 | kangaroo

一种非传统的动物，用尾巴帮助它跳跃。

莴苣 | lettuce

一种草本植物。虔诚的美食家说："上帝创造出这种可吃的草，用以犒赏好人，修理坏蛋。正义的人凭借心灵的聪慧，为它配制出一种美妙的调味法，把它与大量的油、各种美味的作料组合在一起，整个食物变得鲜美可口，使得虔诚的人们神采奕奕、红光满面。但那些灵魂下贱的家伙，受到恶魔的诱惑，吃莴苣不仅不放油，而且掺杂芥末、鸡蛋、盐和大蒜，甚至加上了爱凑热闹的糖和醋，把它们泡得乱糟糟的。这样的东西吃下去，肚子里翻江倒海真是一点不奇怪，痛得他们哼哼唧唧，却连是怎么一回事都不知道！"

亚麻 | linen

一种用大麻制成的布，浪费大量大麻。

鹊 | magpie

一种鸟，它们偷摸成性的癖好，让人联想到可以教它说话。

哺乳动物 | mammalia

脊椎动物的一个科，其雌性在自然状态下有着哺乳幼崽的本能，但是经过文明的教育和启蒙后，会将幼崽的哺乳放开给其他人，如保姆，或用奶瓶喂养。

人 | man

一种狂热地沉迷于思考他是谁，以至于忘记了自己本来应该是谁的动物。他的首要工作是灭掉他的同类和其他动物，只是面对这一物种持续迅猛的发展势头，他的阻挡显得那么无能为力，只能看着他们在所有可居住的土地上，一批又一批地繁殖着。

猴子 | monkey

一种栖息在树上的动物，这让它们在动物进化谱系树上找到回家的感觉，荡来荡来，自得其乐。

蚊虫 | mosquito

一种失眠的孢子，不同于良知，但属于同一类疾病的杆菌。

老鼠 | mouse

一种动物，喜爱用晕倒的女人来点缀它走过的路。

骡子 | mule

冲动行事的产物；是亚当没有命名的动物。

野马 | mustang

美国西部荒原的一种桀骜不驯的马。在英国社会中，指的是英国贵族的美国妻子。

鸵鸟 | ostrich

一种体态又胖又大的鸟（显然它犯有不少的罪过，这样猎人就好打它了）。大自然没有把第五个脚趾赋予它，而虔诚的博物学家恰恰从这个脚指头窥见了大自然的伟大匠心（凡是犯有过失的必须剁掉一个脚指头）。没有一对发达的翅膀，这倒不是鸵鸟的什么缺陷，因为博物学家已坦率地指出，鸵鸟是不飞翔的。

牡蛎 | oyster

一种黏糊糊的水中贝壳动物，文明给人类壮了胆，让他们吞吃牡蛎时连内脏都不扔掉，牡蛎的硬壳有时候被赠送给骨瘦如柴的穷人。

棕榈 | palm

一种长得像人手的（称它为"人手树"也没有什么不可以）、亚种众多的树。分布最广且培植得最精心的要数其中的"贪财棕"了。"贪财棕"是一种可贵的植物，它能放出一种看不见的神奇树胶，黄金或白银一触到这种树的树皮就会被牢牢粘住，怎么也扯不下来，由此可以证实这种胶体的存在。"贪财棕"结出来的果实苦涩难咽，因此有相当一部分果实被送别人，人们常常称它们为"捐款""施舍""善行"。

猪 | pig

这种动物凭其好胃口成为人类的极要好的哥们，遗憾的是，它的眼界没有人那么高，它始终只想当一头猪。

瘟疫 | plague

古代对无辜百姓的一种最广泛、最普遍的惩罚，目的是警告他们的国王。今天我们很庆幸地知道，原来它不过是大自然毫无目的的一种偶然表现。

响尾蛇 | rattlesnake

我们匍匐前进的兄弟。我们——人——可骄傲得多，乃是一条竖起来活动的"响头蛇"（响尾蛇之所以得名，是因为它尾部有个器官可发出溪水般的响声，引诱并吞食小鸟、青蛙。人也是靠头部那个发声的器官吃掉猎物的）。

沙丁鱼 | sardine

一种就是死了也紧紧地挤在一起的小鱼，它的味道——好极了！对于那些"味道"不怎么受人欢迎的人来说，当然不敢在"挤"

字上与沙丁鱼一见高下、一决雌雄。

树 | tree

一种很高大的植物，是自然给予的一种惩罚装置。尽管在不公正的对待下，很多树结出的果实都一文不值，有些树干脆不结果子。自然地开花结果的树，是文明的有益媒介，也是公共道德的一个重要因素。在严酷的西部和微妙的南部，树结出的果子（分别是白的和黑的）虽然不可食用，但很对大众口味，虽然不出口外国，却对公共福利事业大有助益。树的这种正当的与公众福利的关系不是由那些将罪犯吊死在树上的施私刑的人发现的（应该承认，树作为这种天然绞架的用途，还是比不上它作为灯柱和桥架的用场）。

旋毛虫病 | trichinosis

猪对吃猪肉者的报答，它不仅把自己的肉与人分享，而且把它享受的病也与人分享。

穴居人 | troglodyte

特指那些只会使用粗糙的石头工具的穴居动物，它们住在洞穴中，已不在树上蹿来跳去，但不会在地上搭建窝棚。曾有一群远近闻名的穴居人和大卫王一起住在亚杜兰岩洞里。里面有"痛不欲生的、负债累累的和满肚子牢骚的人"。

火鸡 | turkey

一种巨大的鸟。在某些宗教纪念日作食品时，它具有一种考验人对神的虔诚与感恩的特殊功效。顺便提一句，火鸡相当好吃。

舌蝇 | tzetzefly或tsetsefly

非洲的一种昆虫。通常认为它的叮咬是治疗失眠的最富疗效的天然秘方，不过有些失眠患者更喜欢让美国小说家叮咬。

狼人 | werewolf

曾经是狼或者有时是狼的一种人。所有狼人都有邪恶的习性，当要满足其贪欲时，他们就现出了野兽的面孔，不过有些狼人借助魔法的力量仍是人的面孔，这种狼人最爱吃的是人肉。

生理机能篇

腹部 | abdomen

胃神的圣殿，是所有男子汉都衷心膜拜、忠诚献祭之地。但在女人们中，这一古老信仰却很少有坚定不移的门徒。虽然她们有时候也会三心二意、徒劳无功地在那祭坛旁转悠，但是，对男人们崇拜的唯一圣灵——胃神的真正忠诚，她们却并没有。假若在全世界的交易场中，女人能自由交易，她们不变成温和的食草动物才怪呢。

老年 | age

人生的一个阶段，通过咒骂去盘点那些我们不再有胆量去做但心中依然珍视的恶习或恶行。

痛楚 | agony

肉体疼痛的最高点，其神情是——"完啦!"

双手灵巧的 | ambidextrous

能用同样熟练的技巧扒窃左口袋和右口袋。

背部 | back

他人身体的一部分，专供你自觉不幸时来注视。

秃头的 | bald

一个原本方便他人揪住给予其一顿胖揍的部位，却成了不毛之地。但这份幸运一般源于祖上遗赠的先见之明或上天所赐，可以肯定的是，这一荒漠并非年龄增大、见识加深、用脑过度等因素使头发遭受滥砍滥伐所致。

胡须 | beard

被一些人———一帮公然指责中国（清朝）人剃光头的习惯是荒唐可笑的人——刮去的毛发。

美貌 | beauty

女人迷住情人、恐吓丈夫的力量。

酒糟鼻 | bottle-nosed

漫画中常见的、按塑造者的形象而特制的一种巨鼻。

大脑 | brain

一种用于思考我们所想的仪器。它是区分满足于做某事之人同希望做某事之人的特征。一个极度富有的人，或官运亨通、连跳数级的人，往往是大脑发达到让邻人们无地自容、无以为生的人。在文明社会，人们赋予大脑以种种殊荣，让它免于办公室的种种烦恼。

脱毛 | depilatory

把毛发从皮肤上去除的能力——这是一种被女人普遍掌握的能力。

横膈膜 | diaphragm

把繁杂紊乱的胸腔和腹腔隔开的一片薄肉。

消化 ｜ digestion

把食物（victuals）变成美德（virtues）的过程。当这一过程不完善时，罪恶（vices）就会应运而生——因此，有作家得出推论，女性是消化不良这一症状的最大受害者。

疾病 ｜ disease

自然给予医学院的恩典，也是维持殡仪馆人员饭碗的天然供货商，同时是墓中的蠕虫鲜嫩肉食——不太干、不太硬，极适合于来回掘采——的提供者。

水肿 ｜ dropsy

这种病迫使患者从此以后一直到死都是一位不赖的水手。

激动 ｜ emotion

一种因血液突然从四面八方涌向心脏而导致的脑力衰竭的症状，有时还伴随着大量的氯化钠溶液从双眼排放而出。

表皮 | epidermis

对外紧挨着外部世界、对内直接接触内部污垢的一层薄薄的皮肤表层。

流行病 | epidemic

一种有高超的社交技巧且少有偏见的疾病。

食道 | esophagus

消化道中介于娱乐和商务中间的那一部分。

食指 | forefinger

通常用来指出罪犯的手指。

痛风 | gout

医生对富贵人所患风湿病的雅称。

手 | hand

装配在人手臂末端的一种奇异配置，通常都放在自己或别人的口袋里。

头 | head

人体中为所有其他部分承担责任的那一部分。

心脏 | heart

一种肌肉制成的全自动抽血泵。据说，这个实用器官是情绪和情感的家园——但是，这不过是一个流传已久的、美丽异常的普遍幻想的延续。现在，我们已经知道，情感和情绪都存在于胃中，由食物的消化转化而来。一块牛排变成一道情绪——情绪鲜嫩与否，取决于牛的年龄；鱼子酱三明治被转化为一种奇特的幻想，脱口而成一句句辛辣的警句，这种繁杂的转化要经过几道制作程序？把一个煮熟的鸡蛋转变成宗教上的忏悔，或把奶油泡芙变成一声缠绵温柔的叹息，这些奇妙的变化都是怎么产生的？已经有相关人士用自己的耐心做出了证实，并以令人信服的清晰逻辑加以阐述，想要了解的人敬请自行查阅。

饥饿 | hunger

一种折磨着所有阶层人类的特殊疾病，通常要通过节食来治疗。据观察，那些住在漂亮房子里的人症状最轻。这些信息对这类病的慢性患者是很有用的。

消化不良 | indigestion

一种病症，患者本人及其伙伴们经常误认为其是对宗教的高度信仰，以及对拯救人类的终极关怀。必须说，西部荒原里思想简单的印第安人所说的话很有道理——这是一种力量："肚子饱饱时，何须来祷告？肚痛难忍时，再把上帝找。"

幼儿期 | infancy

生命中的一个阶段。根据诗人华兹华斯的说法，这是我们一生中难得的"天堂环绕在身边"的时期。这一阶段一晃而过，我们开始被遍地的谎言包围。

内脏 | innards

胃、心、灵魂和其他内脏。很多著名的研究者都没有把灵魂归入内脏的范围，但一位严谨的研究者、著名的权威人士却宣称，那个被称为脾脏的神秘器官才是我们不朽的源泉所在。一位教授则另有高见，他说人的尾巴退化了，残余尾骨里所含的脊髓才是人类灵魂的居所。为证明这一观点，教授自信地指出，有尾巴的动物是没有灵魂的。对于这两种不同的理论，目前最佳的态度是同时都相信，暂不做正误判断。

瘙痒 | itch

苏格兰人的爱国主义精神（苏格兰人，其英文也可谑解为"抓挠受伤的人"）。

瘰疬 | King's Evil（直译为国王的厉害）

一种病症，从前靠接受国王的抚摸来治愈，现在改由大夫们来治疗了。

坐着时的大腿 | lap

女人肉体中最重要的部位之一——上天赏赐的令人倾慕的供婴儿栖息之地。只是，通常其主要用在野餐或聚会时放装冷鸡块的盘子，或是供成年男子把头靠在上面休息。这一物种的雄性的大腿发育并不完全，因而对这一物种并没有什么实质的贡献。

笑声 | laughter

一股发自体内的抽搐，发作时会使面部扭曲，并伴有一串含糊不明的噪声。它具有传染性，虽然时断时续，但无法治愈。易受笑声的侵袭，这是人类区别于动物的众多特征之一——只是这一特征不仅无法感染动物，就连使人感染笑病的原始微生物也无能为力。至于能否从人类患者身上接种给动物，相关实验尚未给出回答。有博士认为，笑病的传染性是由人喷出的雾化唾液在空气中瞬间发酵所引发的。

肝 | liver

大自然精心培育出来的一种巨大的红色器官，有分泌胆汁的功能。人的七情六欲发自于心，这是每一位爱好文学的解剖学家都知道的事儿，但是在古代，人们却认为肝脏才是它们的发源地。过去，谈到人类的情感时，也把它称为"我们的心肝儿"，因此它的名字——肝，是我们赖以存活的根本。肝脏是上天送给鹅的最好的礼物，没有它，这只家禽将无法为我们提供鹅肝这种美味佳肴。

饶舌 | loquacity

一种患者管不住自己舌头的疾病。当你只想说两句时，依然唠叨个不停。

嘴巴 | mouth

在男人身上，是通向灵魂的入口；在女人身上，是情感宣泄的出口。

鼻子 | nose

脸部最前沿的哨所。古往今来，伟大的征服者都拥有一个伟大的鼻子。格提乌斯，他的作品在幽默时代之前就已经出现了——称鼻子为镇压器官。有人精心观察后发现，一个人的鼻子在深入到别人的事务中时才最快乐，一些生理学家由此推断鼻子没有嗅觉。

裸体 | nudity

艺术中让好色者最痛苦的一种品质。

狂饮暴食 | overeat

赴宴。

痛 | pain

一种难受的心情，是由某种对肉体的损伤所导致的，但它也可以是纯心理的，由另一个人的好运道所致。

心脏 | pericardium

一种用膈膜隔成许多相互贯通的小洞的袋子，里面灌满了许多罪恶。

象鼻 | proboscis

大象的一种发育不全的器官。进化之神没有使大象学会使用刀和叉，象鼻自然行使了刀和叉的功能。为了幽默的效果，有时就俗气地叫作"通风管"。

屁股 | rear

美国军队要紧之处，军队暴露出的这一块最贴近国会。

红皮肤 | red-skin

北美印第安人，不过他们的皮肤并不是红的——至少外皮不是。

眼泪 | rice-water

一种神秘的饮料，我们时代最受欢迎的小说家和诗人们常常用它秘密地搅和人们的想象，麻醉他们的良心。据称它有止痛和嗜睡的奇效。它是由"忧郁沼泽"的一位肥胖的巫婆在午夜的浓雾中酿造出来的。

尾巴 | tail

动物脊骨的一部分，它已突破天性的束缚，形成了自己的一个独立小世界。除了在娘肚里，人类是没有尾巴的。没有了尾巴，这便让人生出一种代代相传的尴尬不堪的感觉，男人的燕尾服和女人的拖地长裙都是这一点的证明，人们的这一种癖好——在应该长尾巴且从前也的确长过尾巴的部位点缀饰品，正是试图弥补这一缺陷的表现。

人物形象篇

缺席者 | absentee

一个远离他人，不用担心自己的劳动所得被他人勒索的老谋深算之人。

土著 | aborigines

一些没多大价值的人，被发现时正在拖累着新发现之国的土壤。不过，他们很快就不再是拖累了——他们变成了肥料，用自己滋润着那片土地。

弃权者 | abstainer

一个软弱的人，臣服于恐慌而放弃享乐。完全弃权者是指那种除了弃权这事外，什么都弃权的人，尤其是在他人的事情上更是弃得彻底。

贵族 | aristocracy

由最优秀之人组成的政府（从这个意义上说，这个词已过时了，这种政府也一样）。这些头戴长绒毛礼帽，身穿洁净衬衫的家伙——都有受教育和有银行账户的迹象。

婴儿 | baby

一种没有年龄、性别特点和社会地位的畸形生物，其最显著的一个特点是：自己没有情感，却能在别人心中激起同情和厌恶的狂风暴雨。

单身汉 | bachelor

一位女人还在调查着的男人。

土匪 | bandit

一伙用暴力拿走某人靠诡计从他人那儿拿来的东西的人。

乞丐 | beggar

一种依赖朋友们接济度日的人。

捐助人 | benefuctor

大批量购买忘恩负义行为的人，虽然买得多，却并未能把价格压低。

恶棍 | blackguard

倒置的绅士。就像市场上用于摆放造型的浆果一样——本来好的放在上面，烂的放在下面——可惜出了纰漏，箱子从另一面打开了。

讨厌鬼 | bore

一个你希望他乖乖听着，他却唠叨个不停的人。

诽谤者 | calumnus

造谣速成班的毕业生。

吹毛求疵者 | caviler

所有工作都能挑出毛病的家伙。

检察官 | censor

政府雇用的劳动者，其义不容辞的任务是毁坏天才的硕果。在古罗马，检察官是一种监视公共德行的人。但现代国家的公共德行早已承受不了监视了。

当事人 | client

一个倒霉蛋，只能在两条被别人合法掠夺的道路上做出习惯性的抉择。

下士 | corporal

军中梯队中处于最底层的男性。

海盗 | corsair

海洋中的政治家。

批评家 | critic

一个自认为不容易讨好的人，实际情况却是谁都不想讨好他。

玩世不恭者 | cynic

一个眼睛有毛病的恶棍，看到的总是事物本来的面目，而不是它们应该显出的模样。也因此，西西里人养成了一个习俗——剜出玩世不恭者的眼珠以改善他的视力。

被告 | defendant

按法律规定，这个人有义务在法庭上献出自己的时间和声誉，以保证他的律师的报酬。

医生 | doctor

一个因疾病而茁壮成长，又因健康问题而死去的人。

教条主义者 | doctrinaire

这种人最大的缺点就是：其学说竟然与你的学说相对立。

老人 | dotage

随年岁增高而导致的低能儿，最常见的特征是唠叨。

利己主义者 | egotist

一种低级趣味的人，对自己的兴趣比对别人的兴趣更大。

奉承者 | encomiast

一种特殊的（但不是独一无二的）撒谎者。

美食家 | epicure

1.伊壁鸠鲁的对头、反对者，一种讲究饮食的哲学家，认为享乐应该是人类的主要目标，并不失时机地满足感官的需要。

2.一位过分沉迷于餐桌上的快乐的人。这一称呼源于伊壁鸠鲁，一位因其节制的习惯而广受赞誉的哲学家，并将其作为一种培养快乐思维的有利条件。

刽子手 | executioner

一个尽其所能减轻衰老带来的破坏性的人，同时，他也减少了人们溺毙的可能性。

行政官 | executive

政府的一种官员，其职责是执行已制度化的法律，维护法律的尊贵，直到某一天司法部心血来潮，宣布那些法规停用失效为止。

流亡者 | exile

身在国外而不是大使，却依然为自己的祖国服务的人。

父亲 | father

在我们学会依靠猎物自我生存之前，大自然为我们提供的生活必需品。

罪犯 | felon

一个进取心过剩、审慎不足的人，在抓住机会时，却不幸过于一往情深。

雌性 | female

相对立的两性之中，不公平的一方。

穿制服的男仆 | flunkey

一个穿着制服的仆人，严格地说，将这样一个词用在一个穿制服的政治俱乐部成员身上，是对语言的一种极大侮辱，也是对有价值仆人群体的一种不必要的侮辱。

反对者 | foe

一个在自身邪恶本性的驱使下，否认他人的优点或展示、炫耀自己优点的人。

疯子 | fool

一个活跃于人类智力思辨领域，并通过道德活动的各种途径四处传播自己的人。他形态万千，无所不知，无所不能。正是他发明了字母、印刷术、铁路、轮船、电报、陈词滥调及科学的各条分支。也是他，创造了爱国主义精神，掀起了国家之间的种种战争——创立神学、哲学、法律、医学的，缔造了君主制和共和制两种政治体制的，都是他。古往今来，他青春永驻——从创世的晨曦到今天，他不停地耍弄他的威风。洪荒初开之时，他站在荒蛮之山上歌唱；世界鼎盛之时，他带领万物正步挺进；文明的夕阳，在他老祖母般手指的温柔抚摸下；暮色中，他为人类准备了牛奶与道德的晚餐，并揭开了坟墓的被褥让人类安息。当我们在永恒的遗忘之乡长眠之后，他又将挑灯夜战，撰写一部人类文明的史书。

外国人 | foreigner

一个根据他是否符合我们自负的永恒标准和不断变化的利益，受到各种方式、各种程度宽容对待的恶棍。在罗马中，所有的外国人都被称为野蛮人，因为罗马人认识的大多数部落都留着胡子。这个词仅仅是描述性的，没有什么可指责的：罗马人通常用长矛更坦率地表达其轻蔑。但是，野蛮人的后代——现代理发师——认为用剃刀反击更合适。

寻宝者 | fortune-hunter

一个没有财富的男人，被一个富有的女人抓住，并在他被撕碎之前结了婚。

弃儿 | foundling

一类孩子，他们摆脱了与自身现状、前途不相称的父母。

自由思想家 | freethinker

一种恶棍，他邪恶地拒绝了用神父的眼光去看待一切，却坚持用极度严厉的眼神去看待牧师。

新生 | freshman

一名经常与悲伤相伴的学生。

男修道士 | friar

一类被自己心中的情欲之火烹烤着的男人。

朋友 | friend

一位研究人员，我们是他的显微镜上的一个个活生生的标本，我们的生活、我们的行动、我们的存在……都在他的眼皮底下。

战争掠夺者 | freebooter

一个小本买卖的强者，其兼并过程尚不足以为他披上神圣的外袍。

自由人 | freedman

一个脚镣深深地嵌入肉中，从外面看不见的人。

赌棍 | gambler

男人。

天才 | genius

一种高人一等的天赋，拥有者往往仅仅依靠其崇拜者就能活下去，哪怕整天酒气熏天，也会被人称作诗人。

绅士 | gent

庸俗之辈对绅士的看法——流氓属的雄性。

淑女 | gentlewoman

绅士属的女性。"淑女"这种说法已经过时了，但这并不是她们自己的错，现在更常用的称呼是"女士"。

吉卜赛人 | gipsy

为了获取你现有财产的一小部分，而心甘情愿地告诉你未来你的财产有多少的人。

暴饮暴食者 | glutton

一种用消化不良来逃避节制这一恶行的人。

体操运动员 | gymnast

一个把自己的大脑塞入肌肉的人。这个词来自古希腊的运动员，当时所有的体育运动都是在运动员赤身裸体的情况下展开的；但是，在气候条件和参赛女士们的要求下，奥林匹克俱乐部的成员不得不做出了妥协——让运动员们穿上了睡衣。

刽子手 | hangman

1.一名法律官员，肩负着最有尊严、最严酷的职责，由有犯罪血统的民众以世袭身份持有。在美国的一些州，其工作由一名电工取而代之，比如在新泽西州，有人下令用电处决罪犯。

2.出示缓刑证书的法律官员。

听众 | hearer

演说家在公众演讲中，发现的某种特别振奋人心的、令其可以用以思考自己事务的存在。

希伯来人 | Hebrew

对犹太男人的称呼，以区别于犹太女人，她们属于另一个种类，是最高品级的创造物。

隐士 | hermit

一种其恶行与蠢事都不合群的人。

历史学家 | historian

一个胸襟宽阔的长舌妇。

人道主义者 | humanitarian

一个确信救世主是人而他是神赐之人的人。

幽默家 | humorist

一种不可救药的瘟疫，原本可以缓和埃及法老内心的灰暗与苦涩，促使他给予以色列人最美好的祝愿，以打发他们快快离开埃及。

伪君子 | hypocrite

一个声称自己拥有所有他不放在眼里的美德的人，并获得了所有他鄙视的美德可能带来的好处。

反传统者 | iconoclast

偶像的破坏者。偶像崇拜者对他的行为很是不满，激愤地指责他只会破坏而不能建设。原来他们期待用别的什么偶像替代那些被他破坏掉的偶像。但反传统者说："你们以后不会再有任何偶像，因为你们不需要他们了。谁要是胆敢在这里立偶像，我就把他的头按下去，然后一屁股坐上去，让他呱呱乱叫。"

白痴 | idiot

一个庞大而强大的部落，在人类事务中的影响力一直位于支配和控制地位。白痴的活动并不局限于任何特定的思想或行为领域，而是"渗透并调节着整个世界"，且其决定不可上诉。他敲定了观念和品位的时尚，规定了言论的局限性，对人们的行为设定了严格的底线。

偶像 | idol

一些受崇拜对象的象征性代表形象。你崇拜对象的形象可能并不是真实的，这一点适用于世界上的任何人，尽管有些偶像丑得足以成神了。真正的信徒对偶像的所有荣誉都是不屑一顾的，因为他知道，没有一个脑袋是无所不知的，没有一只手是无所不能的，没有一个身体是无所不在的。如果说我们的存在本身就是一种缺陷，自然也就没有任何神能满足我们的任一要求。

偶像崇拜者 | idolater

一个自称其不相信的宗教，不同于我们自认为意义上的形象的人。一个认为台座上的形象比硬币上的形象更重要的人。

无知识的人 | ignoramus

一个不熟悉某些你熟悉的知识的人，但拥有某些你一无所知的其他知识的人。

帝国主义者 | imperialist

一位政治思想家，无论是王国还是共和国，都不曾给予他政治上晋升的希望或其他实质性的优势。

冒名顶替者 | impostor

渴望获得公共荣誉的竞争对手。

即兴诗人 | improvisator

一个写诗时快活无比，其快乐远超其听众的人。

堕落后拯救论者 | infralapsarian

一个相信亚当本来不必去犯罪的人，除非他有意那样做——这种信仰与堕落前拯救论者的看法相反，他认为那个可怜虫（亚当）的堕落是命中注定的。堕落前拯救论者有时也被称为堕落后拯救论者，但这对他们关于亚当的观点的重要性和清晰性并没有实质的影响。

忘恩负义之辈 | ingrate

从他人那里得到好处的人，或者说，是慈善家进行慈善活动的对象。

知识分子 | intellectual

众所周知的一类雇员，受雇于艺术、文学和农业等部门；居住在波士顿；近视。

口译员 | interpreter

通过重复对方的话，使说不同语言的两个人相互理解的人，其办法是用对口译员自己有利的方式进行的。

闯入者 | intruder

一个不应该被匆忙赶出去的人——他可能是一名记者。

发明家 | inventor

一个热衷于巧妙地把轮子、杠杆和弹簧安排在一起的人，并虔诚地相信这就是文明。

骑士 | jockey

一种职业是骑行和投掷比赛的人。

偷窃成癖者 | kleptomaniac

一个生活富裕的小偷。

国王 | king

美国一种男性，号称"戴王冠之头"，尽管他从不戴王冠，说起话来也没有头脑。

演讲者 | lecturer

他的一只手插在你的荷包里，舌头在你的耳边聒噪着，信心建立在你的耐心上。

立法者 | legislator

前往本国首都增加个人收入的人；通过制定法律来挣钱的人。

词典编纂家 | lexicographer

一帮瘟疫患者，以记录一个特定阶段的语言发展为幌子，实质上却是在竭尽全力地阻止语言的发展，拘束其灵活性，使其呆板、僵硬。词典编纂者一旦编出来他的词典，就会被认作"权威人士"，但其实他所做的不过是抄录了一下，而不是制定出了什么法律法规。遗憾的是，人类理解能力的奴性本能，让他放弃了理性的思考，臣服于那所谓的编年史，仿佛它是一部不可对抗的法律。例如，假如某字典将一个好词标记为"过时"或"淘汰"，那么此后就很少有人再敢使用它，不管他们多需要它，多想再次使用它——在这样的环境下，语言只能越来越枯竭、死板。与之相反的是，一些勇敢而有洞察力的作家认识到，语言若要发展，就必须创新，他创造了新词，并以一种陌生的方式使用旧词。只是，他并没有得到别人的认同，并且被尖锐地提醒"词典中没有这种用法"——却不想想，在第一位词典编纂者出现之前，有哪个作家所用的词是字典里的呢？在英语蓬勃发展的黄金时段和盛世时期，当伟大的伊丽莎白时代的人们张口表达着自己的意思，并用他们自己的声音表达出来的时候，在一个个的莎士比亚和培根出现的同时，语言的一端在迅速消亡，另一端则处于缓慢更新并蓬勃发展和持续中——而此时，词典编纂者还不知道在哪里，连创造者都不知道在哪里，创造物就更别提了。

放荡者 | libertine

从字面上看，这家伙是一个自由自在的人；实际上，却是一个束缚在自己的激情中的人。

通晓多种语言的人 | linguist

一个在别种语言的学习上，比自己的语言学习上更聪明的人。

寄宿者 | lodged

一个不太常用的词，指三份合为一份的报纸中的第二份，即室友、房客、搭伙的。

女士 | lady

女人的一种粗鲁的叫法。一位狱长一次在向上面的头头报告他统辖的囚犯时，就这样说："男人931个，女士27名。"

妈 | Ma

母亲的一种称呼，孩子专用。它也是子宫收缩的声音。

少女 | maiden

处于性别不公平一方的一类年轻人。她们沉迷于一些逼疯人的不明观点或行为，甚至使人犯罪。这种女性广泛分布在各个地域，无论哪里都能找到，不论在什么地方找到都令人遗憾。这类女性的美貌程度即使无法与彩虹相比，也并不是完全看不顺眼；她们的声音、观点也不是完全不能入耳，虽然比不上麦田里的金丝雀——只是金丝雀是可以被赶走的。

男性 | male

性别不成熟或可忽略不计的人类成员。在女人看来，人类的雄性，也就仅仅是男人而已。该种属分为两大类：优质供应者和不良供应者。

恶人 | malefactor

人类进步的首要因素。

恶棍 | miscreant

最不值得尊敬的人。从词源学上来说，这个词的意思是"无宗教信仰者"，它现在的含义可以看作神学对我们语言发展的最高贡献。

小姐 | miss

贴在未婚女子身上的标签。小姐（Miss）、夫人（Missis）和先生（Mister）这三个词，从形状、读音、意义来看，是最难以相处的。前两个是对女主人（Mistress）一词的讹用，后一个是对老爷（Master）一词的借用。在我们这个普遍抛弃了各种等级称号的国家里，它们仍奇迹般地留存下来，并折磨我们。如果我们也必须给未婚男人一个与之相吻合的称号，我冒昧地提议称之为"痴情"或是"快"（Mush），简写为"荣誉勋章"（Mh）。

一元论者 | Monogenist

向着祖先牢房里的神龛朝拜的人。

黑人 | Negro

美国政治问题中的主菜。共和党人用n代表黑人，然后建立了他们的等式：让n＝白人。不过，这个等式得出的结果并不让人满意。

邻居 | neighbor

我们奉主之命像爱自己一样去爱的人，可他做的一切都是千方百计使我们违背主命。

贵族 | nobleman

富有的美国女郎渴望品尝名气的麻烦，感受上流社会的交际的傲慢，这一切大自然早已为她们把贵族这种东西准备停当了。

被提名者 | nominee

一个谦虚的绅士，他不乐于在隐居生活中出名，而热衷于在政府部门中颇有光彩地默默无闻。

乐观者 | optimist

"混淆是非、黑白不分"这一教条的拥护者。

有个悲观主义者请求上帝给他一点安慰。

"噢，你是希望我重建你的希望与快乐？"上帝说道。

"不，"悲观主义者回答说，"我只是希望你能创造某种东西来宽恕这二者。"

"世界上的一切东西早已做成了。"上帝说，"你没有看见这东西——乐观者的死亡吗？"

孤儿 | orphan

一个活着的人，不过死神已使他丧失了不孝敬父母的权利——这种剥夺以一种难以抗拒的雄辩力量唤起人们的怜悯。年幼的孤儿通常被送进孤儿院，在那里他的基本方位感得到极好的培训，因此，他从小就知道自己的处境。然后人们又把依赖和苦役的技巧教会他们，最后人们安排他们充当擦鞋匠或洗碗女仆，使得他们依次被放到世界上去作为被别人掠食的牺牲品。

正统者 | orthodox

一头牛，身上驮着一副广为流行的虔诚之轭。

爱国者 | patriot

一种认为局部利益高于整体利益的人，是政治家愚弄的对象，是征服者手中的工具。

行人 | pedestrian

对机动车而言，这是快车道上易变的一部分。

慈善家 | philanthropist

一个富裕的（且通常是秃头的）老绅士，经过多年修炼，他已经能够在良心掏开他的腰包时龇牙咧嘴地一笑。

庸人 | philistine

这种人的脑袋是他所处的环境的奴仆，被时髦的理论和情绪牵着鼻子走。这种人有时学习很勤奋，经常过得很惬意，一般都很爱整洁，而且总是那么一本正经。

医生 | physician

当我们生病时，把我们的希望放在他身上的一种人。等病好了，则把我们的希望放在狗子身上。

侏儒 | pigmy

古代旅行家在世界上许多地区都能见到的一种身材矮小的人类部落，不过现代旅行家只能在非洲中部大量地找到他们了。之所以把他们称作侏儒，是为了和牛高马大的高加索人区别开来。

朝圣者 | pilgrim

一位受到认真对待的旅行者。朝圣者之父于1620年离开欧洲到达新大陆的马萨诸塞州，因为在欧洲正统派不允许他用鼻子哼歌给上帝听，他的信徒们也随之而来，在这块乐土上他可以随心所欲地扮演上帝。

平民 | plebeian

一个古代的罗马人，他在自己国家的血泊里玷污的只是他的双手。贵族的精英，则提供了使他们浸满鲜血的方法。

富豪统治 | plutocracy

一种共和同体，统治者从被统治者的自负中获得财产，方法是让他们沉浸在统治的幻象里。

前亚当人 | pre-Adamite

上帝创世之前就已经存在的、一种实验性的、不那么令人满意的种族，他们生存在什么样的环境之下，是后人无法想象的。有人认为他们居住在虚无缥缈之中，是一种介于鱼和鸟之间的生物。后人对他们所知甚少，只知道他们给该隐提供了一个老婆，并挑起了后世神学家一场又一场战斗。

推诿者 | prevaricator

处于幼虫期的说谎者。

原始人 | primitive

这些人相信正直是最好的政治品德。

王子 | prince

一个青年绅士，一旦他浪漫起来，就会把爱情赐予一个乡村小姑娘，一旦回到现实生活中，他就会把爱情赏赐给他朋友的妻子。

校对员 | proof-reader

一个恶棍，为了修正你在作品中胡说八道、大放厥词的习性，而默许排字工把它弄得晦涩难懂。

探矿者 | prospector

这人吃力，别人吃果。

王后 | queen

一个女人，国王在的时候，她是国家的裁决者；国王不在了，则国家自始至终地裁决着她。

记者 | reporter

一位作家，他猜出了通往真理的道路，并用狂风暴雨般的文字驱散了它。

偿还者 | restitutor

捐款人，慈善家。

占卜者 | rhabdomancer

一个看似用"一根魔棍"在地上戳一戳，就能敲定下面有没有矿产的半仙，实际上他是用这根棍子在傻瓜的口袋里探测金子银子的人。

富人 | rich

意为被信任的人，也表明常要为清算懒惰者、无能者、奢侈者、嫉妒者和倒运者的财产而操心。这是"黑社会"对富人的看法。在同业工会的工人兄弟看来，这是最合理的发展、最坦诚的宣传。对中产阶级来说，这个词意味着快乐和明智。

抢劫犯 | robber

一个行事坦率的人。

无赖 | rogue

一名恶汉，他总是在笨蛋最多的地方频频出没。

俄罗斯人 | Russian

有白种人身体和黄种人灵魂的一种人。

酋长 | sachem

印第安部落中那个像总统的人。

枪手 | scribbler

一个职业作者，他自己的观点相互争吵个不停。

参议员 | senator

一个在竞选运动会上碰上好运道的家伙。

警长 | sheriff

美国县城里的一个司法头目，在西部和南部各州，他最了不起的任务是捕捉并吊死恶棍。

谄媚者 | sycophant

一个爱接近大人物的人。他用肚子贴地滑行，这样大人物就不会要他转过身去，也不会在他屁股上踢上一脚了；他偶尔也是一名记者。

精瘦的蚂蟥到处寻找寄托，一旦叮上人的腿肚子就不再松口，直到它深色的皮囊被血胀破，最终因暴饮暴食而撑死，掉进泥土。

卑污的谄媚者也是如此孜孜以求，一旦找到邻居的缺口就张开血口，狂饮大喝，变得像蚂蟥一样胖乎乎，和蚂蟥不一样的是，他死也不会停口。

绝不喝酒者 | teetotaler

戒绝狂喝滥饮的人，有时滴酒不沾，有时喝得还真不少。

女人 | woman

一种经常生活在男人附近的动物，它最适宜于家庭饲养。很多老派的动物学家称赞说：这种发育不全的动物，在从前禁闭的生活中养成了一种驯服的品性。但是后来的博物学家对那种幽居生活一无所知，他们否认这种驯服的美德并声称：像宇宙洪荒时代那样，女人现在又咆哮起来了。在所有猛兽之中，该物种分布最为广泛，遍布地球上所有可居住的地方，北起格陵兰的群山，南至印度的海岸线。流行的称呼——"狼人（wolf-man）"是一个谬误（英语中wolf-man与woman读音相近），因为这类动物是属于猫科的，女性举手投足轻快而优雅，美国品种尤其是这样，是杂食动物，可以教会它不作声。

美国北方佬 | Yankee

在欧洲，指的是一个美国人。在美国北方各州，指的是一个新英格兰人。在美国南方各州，人们并不知道这个词。

丑角 | zany

古代意大利戏剧中的一个受观众欢迎的角色，常用滑稽、笨拙的方式模仿小丑，可说是小丑中的小丑；而小丑本身则模仿了剧中严肃的人物。这个丑角可说是幽默家的前身，也因此我们今天才有幸得以认识他们。但这两者还是大有区别的，在丑角那里，我们看到了创造；而在幽默家那里，我们只看到了搬运。另一类优秀的现代丑角是牧师，副牧师模仿教区长，教区长模仿主教，主教模仿大主教，大主教模仿魔鬼。

桑给巴尔人 | Zanzibari

苏丹王国（现坦桑尼亚）的一个民族，位于非洲东海岸。桑给巴尔人是一个好战的民族，几年前发生的一次威胁性外交事件，使这个国家广为美国人所知。美国领事的官邸位于该国首都的海边，面向大海，前面是一片美丽的沙滩。这座城市的人们习惯于把这片海滩当露天浴场，领事一家对此非常震惊反感，一再抗议仍然无果。一天，一名女性来到水边，弯腰脱下衣服（一双凉鞋），领事怒不可遏，开枪朝她身体最惹人注目的位置射去。不幸的是，她是苏丹的王妃，两个国家之间的友好关系就此破裂。

社会人生篇

能力 | ability

使卑鄙的野心得以部分实现的一种自然装置，它能使人区别于死人。总之，能力一般都表现出一副一本正经的模样。然而，也许这种令人印象深刻的禀赋确实值得捧场，但要真正做到一本正经可不容易。

成就 | achievement

奋斗的尽头和厌倦的开始。

责任心 | accountability

谨小慎微的老妈。

雄心 | ambition

一种强烈的欲望，主要特征表现为：活着时为敌人所诽谤，死后受伙伴们嘲笑。

童年 | childhood

人生介于婴儿的无知与青年的愚蠢之间的一个时期，离中年的罪孽有两步之遥，离老年的悔恨则有三步之遥。

死尸 | corpse

最冷漠无情的人。

债主 | creditor

处于金融困境之外的野蛮部落中的一员，并时刻都在担心他们的突然入侵。

债务 | debt

一种替代奴隶主手中的皮鞭和铁链的更新换代的绝妙发明。

储蓄 | deposit

一项支持银行建设的慈善事业。

命运 | destiny

1. 暴君作威作福的法旨，傻瓜穷困失败的借口。

2. 一种控制一切的力量，主要被犯错的人用来为他们的失败作辩解。

死 | die

"骰子（dice）"一词的单数形式。我们一般很少听到这个词，一句谚语说得好，"不可言死"。但是，很长一段时间里，时常有人说："死是一体成型（注定）的。"但这是不可能的，因为骰子是一点点切割出来的。

占卜 | divination

探察神秘之事的艺术。其方法花样繁多，就像屡见不鲜、层出不穷的傻瓜们一样。

突发事件 | emergency

聪明人的机会，傻瓜的受难时刻。

经验 | experience

一种智慧，它让我们懂得：我们满怀希望去迎接的家伙，只不过是一个讨厌的老相好。

例外 | exception

让一个事物擅自不同于同类事物的东西，如坦诚的男人是一种例外，真诚的女人也是一种例外，诸如此类。无知之辈经常把"例外证明规则"挂在嘴边，相互模仿，却从不去考虑它到底有多荒谬。拉丁语中的"测试规则除外"，意为测试规则中的例外，作为证据提交，而不是去确认规则。那个自身从这句绝妙格言中汲取其意义，反而换以一种相反意义流传下来的坏蛋，对世人的邪恶影响实在非同小可，且这种影响似乎要永远存在下去。

权宜之计 | expediency

让所有美德诞生的老祖。

葬礼 | funeral

一场盛会，我们通过增加承办者的财富，来证明我们对死者的崇敬之情，通过加剧我们的呻吟、加倍我们流出的泪水来强化我们的悲伤。

赌博 | gambling

一种消遣。其中的快乐，部分源于自己获得的好处，但主要源于想到他人的损失。

家谱 | genealogy

一份从祖先到自己的血统报告，而他的祖先并不特别关心自己的血统。

坟墓 | grave

死者被安放的地方。

阴间 | Hades

下层世界；亡灵的住所；死后生活的地方。

灵柩 | hearse

死神的婴儿车。

无家可归 | houseless

支付完所有家用物品税款后的状态。

贫民窟 | hovel

一种叫摩天大厦的花儿结出的恶果。

生活 | life

　　一种精神盐水，在它的腌泡下，肉体可以免于腐烂。我们活着，每天忧心忡忡，生怕丧命，不过一旦失去，也就不再挂念。"活下去是否值得？"这个问题一直争论不休，特别是那伙持否定态度的人，语气最为尖刻——他们长篇大论地撰文阐明他们的观点，同时通过恪守养生之道得以益寿延年，享受在论战中获胜的荣华富贵。

长寿 | longevity

对死亡恐惧的一种异乎寻常的延长。

老寿星 | macrobian

一个被上帝遗忘的人，得以活到了一个了不得的年纪。

陵墓 | mausoleum

富有的家伙们所做的最后的、最可笑的蠢事。

药物 | medicine

在百老汇某条街上扔下的一块石头，目的是想杀死繁华市中心上的一条狗。

纪念碑 | monument

一种建筑，用于纪念某种没必要纪念或不能纪念的东西。

在"给不知名的死者"树碑立传这个习俗中，有其简化和荒谬之处——也就是说，纪念碑是为了永久纪念那些没有留下记忆的人。

木乃伊 | mummy

一个很早很早以前的埃及人，过去文明国家的人们把他制作为一味药，现在主要用来为艺术提供上好的素材。在博物馆他也大有作为，可满足人们庸俗浅陋的好奇心，由此也得以把人类和下等动物区分开来。

噪声 | noise

一股进入耳朵的恶臭，是未被驯化的乐声，它是文明的主导产品，也是鉴定文明的标志。

手相术 | palmistry

用欺骗手段获取钱财的第九百四十七种办法，其做法是从一个人密如蛛网的掌纹上看出这个人的性格与命运。手相术并非没有一点道理，的确能用这种方法破译一个人的性格与命运，因为根据手掌的每一条纹路都能编出一套骗人的鬼话。但这种破译活动要悄悄进行才能奏效。

观相术 | physiognomy

以我们自己的脸为标准，通过对比别人的脸与我们的脸的相近和相异，来断定别人性格的一种艺术。

一夫多妻，一妻多夫 | polygamy

一座忏悔的房子或赎罪的教堂，里面摆着好几条悔罪的跪凳。它与一夫一妻的不同点是，后者只放有一对跪凳。

后代 | posterity

1.一位畅销作家的没什么名气的同行，嫉妒地送上了一纸诉状，法庭却审判起他那个时代的所有的人。

2.世界正在播种，他们坐等收获。

体面的 | presentable

一种根据时间和地点的不同、礼貌而又可怕的穿衣方式。

在某地，男人在庆典上一种中看的装束是，在自己的肚子上涂上浓艳的蓝色，并在屁股上装上一条母牛的尾巴。在纽约城则有所不同，假如他乐意，可以不在肚子上涂蓝色，但太阳下山之后，他必须在身后挂起用绵羊毛做成的两条尾巴，并染成黑色的（隐指燕尾服）。

重新考虑 | reconsider

为自己已做出的决定寻找正当理由。

避难所 | refuge

任何能保护处于危难之中的人的东西。摩西和约书亚提供了六座避难城市——在被死者亲属追捕时，那些在无意中夺去他人生命的人可以逃往这些地点。这种令人钦佩的权宜之计既能为逃难者提供锻炼身体的机会，又能使追杀者享受追猎的欢乐。这样一种与古希腊早期的丧礼游戏相近的活动确实好玩，通过这种观察，让死者的亡灵也得到了尊重。

乡下的 | rural

泥巴、肥猪以及粗茶淡饭。

石棺 | sarcophagus

古希腊人的一种棺材。里面放了一种特制的石块，它具有一种吞食放在里面的尸体的特性。现代人所知晓的石棺，一般是一个木匠的工艺品。

单独占有的土地 | severalty

各人是各人的，如单独持有的土地，即这块地是专门给我一个人的，而不允许大伙都上来捞一把。据说，印第安人的某些部落现在已经足够文明，被开化到了土地也可以个人私有，再也不是公家的，可这帮印第安人的坏酋长仍不许卖给白人，以换取蜡做的小串珠和土豆造的低劣威士忌。

看呀！那些可怜的印第安人，对死亡、地狱和坟墓的认识多么不明智。东北部节俭的殖民者恳求停留——他看上了印第安人脚下的肥土。那些小小的财产，是他们注定要掠夺的，他们用迷惑的诡计，用小小的一些花费去劝说他们到别处去漂泊流浪！他们的愤怒抑不住，他们到处爬行蠕动，把印第安人圈在"几个保留地"（迷人的措辞），最后化整为零地冻死和杀死他们，让新土地更稳当更快捷地到手！

巫术 | sorcery

古代政治影响的原型和先驱。不过，那时的巫术不像在现在这么受人敬重，相反，它有时还会招来祸事，甚至给施巫术者带去死亡。据说：

一位被指控施用巫术的农夫，要被人们处以酷刑，在经过一些温柔的痛楚之后，这可怜的傻子最后交代了自己的罪行，不过他傻乎乎地问行刑的人——一个对巫术全然不知的人，是不是不能成为魔法师？

坟墓 | tomb

冷漠之家。现代的人一般都愿意为坟墓罩上一道神秘的光环，但人们又觉得，一旦死者在墓中所待年限够了，撬开坟墓掠夺死者就不再是什么罪恶了。著名的埃及学家哈金斯博士解释说，一旦墓中人完成气化过程，挖掘坟墓也就不再是亵渎死者了——因为此时死者的灵魂早已被释放出来，进入天堂了。这种通情达理的观点现在已得到广大考古学家的认可，正是它使考古学这门好管闲事的科学获得了尊贵的地位。

蛆虫食用肉 | worms'-meat

以我们的躯体作原料而精心制成的美味佳肴。在泰姬陵里，在拿破仑墓中，都有供应。通常来说，盛放"蛆虫食用肉"的骨架比这种美餐更为长久，但是这些骨架"最终也是要毁灭的"。人所做的最愚蠢的事，莫过于为自己修建一座坟墓了。坟墓并不能为死者增加什么光荣，相反，它更强调了这一切的努力都是徒劳的。

青春 | youth

是充满各种可能性的一个时期，是阿基米德找到一个可以撬起地球的支点之时，是有人相信卡珊德拉的预言之时，是七个城市争相授予荷马荣誉之时。

青春是真正的农神节时日，是地球上的黄金时代，那时无花果长在低矮的蓟上，遍地可见；猪自由自在地生活在三叶草丛中，鬃毛闪烁着绸缎般的光华；奶牛们长着翅膀，自行飞向每一扇门，并送上牛奶；而正义从来不会缺席，刺客们都成了鬼魂，号啕大哭着，被扔进了不朽的巴尔的摩！

日常用品篇

钟 | clock

一种对人类极具道德价值的仪器，通过提醒人类未来时间的丰富，来减轻人们对未来的担忧。

一个忙碌的人抱怨道："我太忙了，真是没有时间。"他的朋友——一条懒虫诧异地说道："不，先生，你有的，你有的是时间，且很充足，不用怀疑——毕竟我们无时无刻不与时间待在一起。"

信封 | envelope

文件的棺材，账单的外套，汇款的外壳，情书的睡衣。

餐叉 | fork

一种主要用于把死去的动物塞入口中的工具。过去，人们用餐刀来达到这一目的，现在仍有不少绅士认为刀子更为干脆利索。当然，这些人并不完全拒绝使用叉子，但那也只是刀子的副手。这伙人能够免于横祸，足以表明上帝对仇恨他的人是多么仁慈。

煎锅 | frying-pan

女人设立的刑场——厨房中常见的众多刑具之一。

煤气表 | gas-meter

阴暗角落里的撒谎者（在欧美国家，煤气表往往位于家里不起眼的角落或地下室中）。

口香糖 | gum

年轻女士喜欢的一种物质，作为精神安慰和宗教信仰的替代品。

手绢 | handkerchief

一小块丝绸或亚麻布，用于各种尴尬或不体面的场合，尤其适用于葬礼上，用以掩盖缺席的眼泪。手帕是最近发明的，我们的祖先对它完全不了解，而其职责是由袖子来承担的。

墨水 | ink

用单宁酸铁、阿拉伯树胶和水调和而成的一种有害化合物，主要用于促进愚昧的传播和智力犯罪。墨水的特性既奇特又矛盾：它可以让人声名大振，也可以使人臭名远扬；它可抹黑名声，也可以洗白名声；但它最普遍和最广泛的用途是用作砂浆，用以将名望大厦中的石头黏合在一起，并作为一种外表的粉饰，用以掩盖材料的流氓性质。一伙被称为新闻记者的人建立起了墨水的澡堂，有些人花钱进去，有些人花钱出去。但经常出现的一种情况是，一个付钱进去的人，再想出来必须得付出双倍的价钱。

锁与钥匙 ｜ lock-and-key

这两者之间的区别，就像文明与启蒙的区别一样。

镜子 ｜ looking-glass

用来展示稍纵即逝的影子，以让人醒悟的一种玻璃平面。

权杖 ｜ mace

办公室里权威的象征。看到它沉甸甸的模样，就会明白它是用来劝诫不同意见的。

官邸 ｜ palace

一种豪华昂贵的住宅，高官的住宅就属于此类。基督教会的大主教之类高级神职人员的住宅也叫官邸；而它的可敬的创立者的栖身之地不过是田野或路边，可见社会在进步。

马裤 | pantaloons

有教养的成年男子穿在下身的一件服饰，它呈现为两根硬钢管的样子，在套住膝盖的那块地方没有安装上可供膝盖弯曲活动的铰链。据称马裤是由一位在舞台上充当小丑的幽默家发明的。有学识的人称之为"裤子"，愚昧之辈就叫它"裤衩"。

护照 | passport

狡诈地强加给去国外的公民的一种证件，目的是表明他是一个外国佬，好让他遭受冷遇、谩骂和暴行。

留声机 | phonograph

一种让人恼火的玩意，它使死去的噪音重获新生。

照片 | photography

太阳未经任何艺术训练就创作的一幅绘画作品。

鹅毛管笔 | quill

鹅提供的一种苦役，受苦者通常是驴子。时至今日，鹅毛管被废弃了，但它还有继承者——钢笔，而使用者还是那头不朽的驴子。

剃刀 | razor

一种工具，白种人用来增加自己的风度，黄种人用来显示男子的气概，黑人则用来标明证实自己的价值。

口罩 | respirator

煤烟腾腾的伦敦居民覆盖在鼻子和嘴巴上的一种东西，它把所能看见的一切过滤一遍，然后才允许它们进入肺里。

胭脂 | rouge

谦虚的标志？

烧酒 | rum

笼统地说，指的是让那些誓死戒酒者想得发狂的各种烈性酒。

沙司 | sauce

文明与启蒙的标志。一个没有沙司的民族是罪行累累的民族，而一种沙司的发明则意味着一种罪行的减少和宽恕。

短弯刀 | scimitar

一种极为锋利的弯刀，某些东方人运用起这种弯刀来，其熟练程度令人吃惊不已。

剪贴簿 | scrap-book

一种书，通常是由一个傻瓜编辑的。不少小有声名的人都爱编这种书，他们把自己偶尔读书看到的东西都填塞进去，或者请别人替他们收集这些五花八门的东西。

安全离合器 | safety-clutch

一种机械装置，当电梯或升降机在升降时出了麻烦、要坏事时，它会自动起作用并抓住正在坠落的电梯。

君主权杖 | scepter

国王办公室里的一根披金戴银的长棍，这是他的权威的象征。追其来历是这样的，如果宫中小丑冒犯国王，或者内阁的行动违反了国王的意愿，国王就会用一根棍子处罚他们的罪行，敲断他们的骨头，这根棍子就是节杖之父。

印章 | seal

盖在某些文件上，用以证明其真实性和权威性的一种印记。它有时压印在文件封口的蜡块上，有时则直接盖在文件上。从某种意义上讲，加盖图章是一种古老习俗的延续——古代人在重要文件上刻上一些神秘的文字或符号，使得文件有了一种独立于文件之外的神奇力量。

围网 | seine

一种使猎物散布在四周不知不觉无声无息发生变动而最后包围过来的捕猎网。用来捕鱼的网，做得结实而粗蠢，而用来捕捉女人的网比拖网捕鱼容易得多，因为这类网做工极其精细，巧夺天工，上面四周坠有精雕细凿的、放光的小石子。

残片 | smithereens

碎沫子，烂块子，剩渣子，这词用起来变化多端。

电话 | telephone

魔鬼的一种发明。它的问世，让人无法把某些讨厌的家伙拒之千里之外。

望远镜 | telescope

这种装置和眼睛的关系，与电话和耳朵的关系相似。它能使远处的物体用一大堆毫无必要的琐碎细节折磨我们。不过幸运的是，它和电话不一样，它没有一个召唤我们去牺牲的铃铛。

紧身裤 | tights

一种舞台服装，是专门用来为报幕员的喝彩助兴的。大伙一度忽略了这种裤子，而对莉莲·罗素小姐拒穿它更有兴趣。很多人揣摩罗素小姐的动机，其中霍尔小姐的猜测最富创意，也最有洞察力。霍尔小姐认为，罗素小姐之所以拒穿紧身裤，是因为上天没有给她两条美丽的大腿。这种理论，对男人的理解力是一种考验，但有关女人大腿有缺憾的看法实在很另类，完全可以成为哲学冥思盛宴上的一道大菜！怪诞的是，在有关罗素小姐讨厌紧身裤的所有争论中，似乎没有人想到把原因归结于古人所熟悉的"端庄"。现代人对"端庄"这个词的意思所知无几，用我们现有的词汇恐怕也难以讲得清。不过，对已失传的各种艺术的研究最近又热闹了，有些艺术甚至自动复活了。这是又一个文艺复兴的时代，完全有理由相信，有希望把那种原始的"羞怯"从古代墓穴中扯出来，欢呼她登台亮相。

小麦 | wheat

一种谷类作物，倒腾几次之后，可以从中酝酿出马马虎虎过得去的威士忌，它也可用来做面包。据传，按人均消耗量计算，法国人吃的面包比任何民族都要多。这很自然，只有法国人才知道如何把小麦做得爽口。

葡萄酒 | wine

一种发过酵的葡萄汁，妇女基督教联盟称之为"宝水"，有时又叫作"危险"。葡萄美酒、夫人，这是上帝送给男人的几乎最好的礼品。

轭 | yoke

一种工具的名称。这个词准确、尖锐地揭示了人类婚姻的状况。

性格气质篇

仁慈 | benevolence

就是捐出五块钱给那个住在破窝棚里的老祖父，以示宽慰，并把这一事迹在报纸上渲染一通。

老顽固 | bigot

一个固执而热心地坚持着你所厌恶的某种意见的人。

吝啬 | close-fisted

过分地渴求保留很多有功劳之人想得到的东西。

热诚 | cordiality

一种特殊的交际方式，专用于应付那些我们即将超过的人。

懦夫 | coward

在紧急情况下用双脚思考的一类人。

勇敢 | daring

在安全有保障的情况下，男人最显著的品德之一。

值得 | deserve

他人理应把自己的东西拱手让给你的品质。

怪癖 | eccentricity

愚人们常用的一种显示自己的无能的廉价方法。

轻率 | rash

忽视他人建议的价值。

理性 | rational

除了保持着观察、检验和思考的幻觉以外，其他幻觉空空如也。

怀旧 | reminiscence

不幸的主要奢侈品。

必不可少的 | requisite

厚脸皮。

果断的 | resolute

固执己见地朝我们嘉许的方向奋勇前进。

体面 | respectability

当秃头和银行账户亲密地结合在一起时，就生下了体面。

高尚的 | respectable

这个词充其量只能用来形容一些住在我们的海岸线以外的人。

正直 | righteousness

一种坚定的品德，最初是在居住于某半岛上的人那里发现的。从那座半岛回来的传教士们曾试图把"正直"传播到几个欧洲国家，但效果并不佳。这可以从仅存的某位虔诚主教的布道文里找到证据：

"现在，正直不仅仅是心灵的圣洁，不仅仅是宗教仪式，也不仅仅体现在遵守法律的文字上。只有一个人虔诚和公正是不够的，还必须使别人也这样；为了达到这个目的，强制是一种上好的手段。由于我的不公正可能伤害另一个人，如果我想做个正直的人，我就有义务约束我的邻居，必要的话可诉诸武力。这样，我才能变得性情温良，才可能在上帝的庇护之下克制自己，不去干任何害人害己之事。"

职业职场篇

杂耍演员 ｜ acrobat

一位受过良好调教的肌肉发达的家伙，为了吃饱肚子，不惧摔断脊梁骨。

拥护者 ｜ adherent

一个尚未得到他想要的全部东西的追随者。

药剂师 ｜ apothecary

医生的帮凶，殡仪馆的恩公，墓中蛆虫的衣食父母。

建筑师 ｜ architect

一个为你设计房屋，并设计扒光你钱包的人。

辩论 ｜ argue

用舌头思考的一种尝试活动。

拍卖商 | auctioneer

一种敲着锤子宣告他用舌头就扒了别人钱包的人。

盗尸贼 | body-snatcher

从墓中蠕虫口中夺食的贼人，把老医生提供给殡仪馆的尸体，供应给那些毛手毛脚的年轻医生。一群喜食人尸的鬣狗。

保人 | bondsman

一个自己有财产的傻瓜，竟承诺为委托给他人的事承担责任。

马戏团 | circus

一个老马、小马和大象被允许去欣赏男人、女人和孩子傻模样的地方。

行家 | connoisseur

一种对某事了如指掌，对其余事却一无所知的专门人才。

一次火车相撞事故中，有个老酒鬼被撞得奄奄一息，救他的人往他嘴里倒了一点酒。他咂摸了一下嘴，喃喃地说："波亚客酒，1873年产。"说完，人就没气了。

技巧 | craft

傻子用之取代头脑的东西。

牙医 | dentist

一种玩弄戏法的魔术师，一边把金属放进你嘴里，一边从你的口袋里掏着金钱。

诈骗 | defraud

向信任者传授经验和教训。

侦探 | detective

当一个人的罪名确立后，由政府的相关机构派来侦查其犯罪行为的官员。

诊断 | diagnosis

医生根据患者脉搏跳动的快慢和钱包的瘪鼓对其病情的推测。

不讲信誉的 | discreditable

竞争对手最醒目的也习以为常的一个特点。

背信弃义 | dishonesty

商业成功的一个重要因素。虽然商学院尚未在课程中给予其应有的重要地位，却已经在某种程度上初露峥嵘了。

破产 | disincorporation

一种流行的做法，用来逃避公司债务、获取不可告人的财产。

剧作家 | dramatist

一个善于改编法国人的剧本的人。

结局 | end

距离对话双方最远的位置。

地理学家 | geographer

一个毫不犹豫地当下就能说出外面的世界和里面的世界有什么区别的家伙。

采访 | interview

在新闻业中，一个粗鄙庸俗的轻率之徒，去侧耳倾听种种虚荣的、野心勃勃的愚蠢话语的活动。

在职者 | incumbent

一个对职责之外的事情有着最强烈兴致的人。

律师 | lawyer

一个能娴熟地规避法律圈套的人。

失业 | leisure

混乱人生中的一段短暂的清醒时间。

辞职 | resign

1.当你即将被头儿撵出去时，这就是一个好东西。
2.为获得某种实利放弃某种名誉，为某种更了不得的优势而放弃实利。

起床号 | reveille

向鼾睡中的战士们发出的一种信号，让他们离开梦境中的战场，然后带着青肿的鼻子被一一清点。在美军中，起床号被别出心裁地发音为rev-e-lee。此词代表的是美国人民的全部生活、所有的霉气和庄严的耻辱。

讼棍 | pettifogger

律师对同业对手的称号。

前途 | prospect

向前眺望，通常是严峻的。进行探查，一般是受到阻挠的。

庸医 | quack

一个没有执照的刽子手。

级别 | rank

一个关系到此人是否值钱的标准。

可调动的 | removable

一个对老总无足轻重的职员。

勇士 | valor

虚荣心、责任感和赌棍般的热切三者的混合状态。

政治战争篇

退位 | abdication

一种证实君王确实感受到御座下滚烫的高温的行为。

伊莎贝拉女王驾崩了，悬空的王位让所有的西班牙人摇摆不定。因此而责备她是不公平的，毕竟早早远离滚烫的王位才是聪慧之举。对历史而言，她并非什么皇家之谜，不过是一粒从锅里跳出来的烧焦的豌豆罢了。

政府 | administration

政治中一种巧妙的抽象概念，当总理或总统招致责骂时，用来抵挡所遭受的攻击。就像是稻草人一样，各种骂名它都能担当。

舰队司令 | admiral

军舰上负责叽里呱啦地说话的一个部件——至于思考，那就是船头的雕像的责任了。

鼓动家 | agitator

一位专爱去摇邻居家果树的政客，为的是把其中的虫子从窝里轰出来。

总督 | alderman

一个足智多谋的罪犯，用假装的公开掠夺来遮掩其狗偷鼠窃的真正嘴脸。

异端分子 | alien

还在做见习生的美国总统。

同盟 | alliance

在国际政治中，两个结成伙伴的贼人，相互之间紧紧地把手插在对方的口袋里，以便让谁都无法单独去掠夺第三者。

大赦 | amnesty

对那些需要付出极大代价才能惩办的要犯，政府所给予的宽恕。

铠甲 | armor

男人们的一种服饰，制作它的裁缝是铁匠。

变节者 | apostate

一条好不容易钻透一只乌龟壳的蚂蟥，却发现那只乌龟早已呜呼哀哉，它权衡利弊后，认为与另一只游动的新乌龟建立关系才是更适宜的。

政坛 | arena

政客们虚构出来的一种老鼠洞，为打破自己的纪录，他们在洞中折腾个不停。

会谈 | conversation

一个展示各种微不足道的精神商品的集市，每个参展的人一边漫不经心地看着别人的货色，一边专注地盘算着该如何安排摆放自己的坛坛罐罐。

战斗 | battle

解开政治疙瘩的方法之一，当舌头解不开时，就用牙齿吧！

边境 | boundary

一个政治地理学名词，指两国之间假想出来的一条分割线，它把一个国家假想的权力同另一个国假想的权力划分开来。

大炮 | cannon

用来修正国家边界的一种仪器。

首都 | capital

政治腐败的集中之地。它为无政府主义者提供火、锅、美食、桌子和刀叉之类的东西；用餐者仅需大大羞辱自己一顿即可享用美食。

国会 | congress

一伙聚在一起试图废除法律的男性。

领事 | consul

在美国政坛中，若一个人未能从公众手中谋得一个职位，政府会给他一个差事，而其首要条件是，他必须离开这个国家。

加冕 | coronation

把天赋的权力投资给一个君主的仪式，并努力将之吹嘘得九霄云外都听得见。

内阁 | cabinet

常因管理不善、纰漏不断而受到抨击的政府头脑。当然，这种指责都是有根有据、有鼻子有眼的。

保守派 | conservative

一种痴迷于现存罪恶中的政治家，而自由派则不同，他们更希望用其他罪恶取代现存罪恶。

无自卫能力 | defenceless

无力进攻。

代表团 | delegation

美国政界的一种成套的商品交易。

腐败 | depraved

持相反政见的绅士必备的一种美德。

独裁者 | dictator

一个国家的元首，喜欢专制主义的瘟疫胜过无政府状态的灾难。

外交 | diplomacy

一种为了国家的利益而说谎的爱国主义艺术。

骑兵 | dragoon

一个把冲劲与稳健如此和谐地融为一体的士兵，挺进时步履沉稳，撤退时纵马狂奔。

选民 | elector

享有神圣特权——为别人早已选好的人投票——的一种投票人。

解放 | emancipation

一个奴隶的蜕变——摆脱他人的暴政，建立起自己的独裁统治。

皇帝 | emperor

排名在国王之上的人。某种程度上，可以说是纸牌中的大王牌。

敌人 | enemy

一个成心和你过不去，你又奈何不了他的坏蛋。在军事上，这是在最卑鄙的野心驱使下，追逐最邪恶目标的一群人。

财政 | finance

管理收入和资源，以使管理者获得最大利益的艺术或科学。

旗帜 | flag

一块飘扬在军队上方、竖立在堡垒及舰船上的花花绿绿的破布，其作用跟伦敦的一些空地上看到的写有"此地可扔垃圾"字样的招牌别无二致。

武力 | force

"武力只是一种可能，"老师说，"这个定义下得准。"学生点头称是，但默默思考后，脑袋里牢记的是："武力不是可能，而是必须如此！"

美国州长 | governor

一个对进入美国参议院充满雄心壮志的人。

霰弹 | grapeshot

为回应美国社会主义的种种要求而预备好的关于未来的想象。

卫士 | guardian

一个承诺保护自己不受他人伤害的人。

火药 | gunpowder

文明国家用以解决争端——若不加以调整可能会变得麻烦的一种物质。弥尔顿说它是魔鬼为了对付天使而发明的，从天使的稀缺程度来看，这似乎有更大的可信性。

叛乱 | insurrection

一场失败的革命。不满于一个暴政，想用另一个暴政取代它，结果却失败了。

空位期 | interregnum

君主制国家中，旧王驾崩、新王尚未即位的一个特殊时期，国家由王座上的一小块带着先王体温的坐垫统治着。由于众多权贵都热衷于使那渐渐凉下去的垫子重新暖和起来，因此那种听任这一小块垫子冷却的恶作剧实验，往往以一种极不愉快的结果终止。

侵略 | invasion

爱国者表达他们对祖国的热爱时，一种最受认可的方法。

弄臣 | jester

从前王室中的一种官员，其职责是用滑稽的言语和动作来哄国王开心，他们身上那可笑的小丑似的花衣证实了这一点。说到国王本人，那自然是冠冕堂皇、威风凛凛的，但几个世纪过去了，人们才发现更可笑的正是国王的行动和圣旨，不仅让宫中之人乐不可支，更让整个人类笑岔气。弄臣往往被看作宫廷小丑，但诗人们和浪漫主义者们却往往乐于将他描绘成一个机智聪慧之人。想当年，弄臣的荒唐事与俏皮话曾让整个大理石宫殿黯淡无光，使贵族在幽默中隐隐作痛，使王公们在狂笑中涕泪横流。但在今天的马戏团里，那些曾经的宫廷小丑的幽灵正用着同样的笑话逗乐着时下的老百姓。

屠杀 | kill

在不提名继任者的情况下制造空缺。

团结 | league

两个或两个以上政党、派别或协会为实现某一目的——通常是邪恶的——而结成的联盟。

使人人平等者 | leveller

一帮政治和社会改革家，他们更专注的是怎么让别人都按他的理论与想法来行事，而不是让自己去按别人的想法与意见来行事。

勋爵 | lord

在美国，每个比卖水果的小贩地位高的英国游客，都是勋爵，地位稍低的英国游客则被称为"先生"。这个词有时也被用作至高无上的神——上帝，但往往只是拍马屁，而不是出于虔诚之心。

地方官 | magistrate

一个执掌司法的官员，管辖权很有限，但能量倒是没有什么限制。

烈士 | martyr

1.沿着最不情愿的路线前进的人。

2.宁愿死，也不做让他更不愉快之事的人。受害者并不总是清楚殉难与单纯暗杀之间的区别。

前进 | march

受战利品的诱惑而改变军队倾向的潮流。

勋章 | medal

一种小小的金属圆片，是对或多或少的各种真实的美德、成就和贡献的奖励。

俾斯麦曾因英勇营救溺水者而被授予奖章，被问及奖章的含义时，他回答说："我曾在某一时刻拯救过一条生命。"这话中更深的意思是，他在另外的时间则见死不救。

外交使节 | minister

一个身居要位、权力很高但责任心很差的政府代表。从外交角度来说，派往国外的使节是一个国家对外敌意的明显体现。想要胜任这一职位必须具备花言巧语的品质，相比大使，他的能力层级稍逊一筹。

君主制政府 | monarchical government

大写的政府。

短剑 | misericord

中世纪战争步兵们使用的一种匕首，用以提醒那些被打下马来、努力挣扎着的骑士大人：他是个凡人，终不免一死。

超然派 | mugwump

是指政治活动中那些受自尊心折磨的人，他们沉迷于遗世独立的"感觉泥潭"不能自拔。一个带有蔑视的称呼。

群众 | multitude

一大帮人，政治智慧与美德的源泉。共和制国家里，政治家们敬仰的对象。俗话说得好："三个臭皮匠，顶个诸葛亮。" 如果很多同等智慧之人的共同智慧，胜过其中任何一人的个人智慧，那就是说，他们只要坐在一起就会有取之不尽的智慧，何以见得？以下事实可以说明问题——一系列山脉比组成它的单一山峰要高。这样说来，假如在一帮群众中，人们遵从其中最聪明的那个人，那么大家都和他一样聪明；但若是不遵从他的智慧，那么这帮群众的智慧，还不如他们中最愚蠢的那个人。

提名 | nominate

在作最高级政治评价时，推举一个最合适的人，然后把他放到反对派面前，去感受污泥团和死猫的洗礼。

全民公决 | plebiscite

投上平民的一票去弄清领袖的决心。

全权代表 | plenipotentiary

拥有完全权力的人。全权大使就是这样的一种外交官——他拥有绝对的权力，前提条件是绝对不使用它。

警察 | police

一种武装力量，它使人们免遭暴行，同时也是暴行的参与者之一。

政客 | politician

烂泥里的鳗鱼。构造完善的社会上层建筑就是以这种烂泥为基础建造起来的。这条鳗鱼在蠕动时，误以为它的尾巴的搅动使得整个大厦颤抖。与政治家相比，政客的吃亏之处在于他太活跃、太热闹。

政治 | politics

一种装扮成原则之争的利害冲突，一种为私人利益处理公共事务的行为。

特权 | prerogative

君主做错事的权力。

总统 | presidency

美国政治赌场上的一头油滑的猪。

下士 | private

一个从军的君子，在他的背包里隐藏着一支陆军元帅的权杖，在他的希望里塞满结结巴巴的话。

乌合之众 | rabble

在一个共和制国家里，那些在愚弄性选举中成长起来的、抓住最高权杖的人。乌合之众就像阿拉伯寓言中的圣人一样——如果什么都不去做，就会威力无边、无所不能（乌合之众是一个贵族味十足的词，在现代英语中很难找到与之相对应的、确切的词，不过其意思无限接近于"飞翔的猪"）。

反叛者 | rebel

一个想建立新的暴政却未获成功的人。

新兵 | recruit

新兵是这样一种人——他身上的军装使他不同于一般平民，而他走路的姿势却又使他和真正的士兵截然不同。

调停 | reconciliation

敌对的暂时中止。这是全副武装的休战，为的是把战死者从战壕里清除出去。

重新计算 | recount

在美国政治生活中，指的是骰子再一次投出，用来驱除上一次所背上的霉运。

革命 | revolution

在政治中，特指运行混乱的官僚体制的突然变动，在美国历史上，指的是由总统制政府取代内阁制政府，这种改动使美国人民的福利与幸福的水平整整上涨了半英寸之多。革命常常伴随着大量的流血，不过这是值得的——那些不曾流血的革命的受益者是这样说的。法国大革命对今天的社会有着无与伦比的益处；当革命的势头兴起时，它以一种难以形容的恐怖，激励血腥的暴君去挑动人民对法律和法规的怀疑和摧毁。

选举权 | suffrage

用投票的方式发表看法。一般而言，选举就是傻里傻气地对别人中意的人投上你拥护的一票，心里还美滋滋地以为在享用选举权的光荣。拒绝投票，你会招来"不履行公民义务"或"没有爱国心"的斥责，但你不会被控有罪，因为找不到合法的起诉者。就算真有那么一个，如果他自己有罪，那么他就无权在舆论的法庭上发言，也根本无容身之地，如果他没罪，那他就能从你这种行为中捞得好处，因为你放弃投票，就意味着他投的票的分量加重。所谓妇女选举权，指的是女人们按照某些男人的指令投票的权利——当然，它很有限。那些最盼望跳出她们肥大的裙子去行使投票权的女人，一旦投票有误而有受到鞭打的危险时，又是她们最先缩回她们的裙子中。

暴乱 | riot

由清白无辜的旁观者给军人们提供的一种颇受欢迎的娱乐活动。

停战 | truce

表明友谊的事情。

最后通牒 | ultimatum

在外交上，做出让步之前提出的最后一项要求。

投票选举 | vote

自由民众的权利象征和工具，用以愚弄自己，破坏国家，其结果是愚弄自己，弄得他的国家出漏子。

战争 | war

和平技艺的副产品。最危险的政治状况是国际的和睦。学会等待意外之事的历史学学者，完全有理由声明自己无法理解这种见解。"在和平时期要为战争做准备"的含义比一般人所想的要复杂深刻得多，它不仅表明尘世的一切都有了结束——变化是宇宙的永恒法则——而且蕴含着和平的沃土里已撒满了战争的种子，这沃土又极其适于这些种子的抽芽和长大。

日常生活篇

硬石 | adamant

常见于女性束胸下的一种矿物质，多消失于黄金的诱惑之下。

空气 | air

由仁慈慷慨的自然赐予穷人的保健品，以便穷人们也能被养得肥肥胖胖的。

酒精 | alcohol

（在阿拉伯语中，表示一种涂眼睛的颜料）所有这种液体都使人眼圈发黑。

胃口 | appetite

为了解决劳动问题，上帝深思熟虑后赐给子民的一种天生本领。

围裙 | apron

挂在身前的一块布，以防止弄脏衣服。

欠款 | arrears

（为照顾本书的购买者和出版商这帮大有价值者的面子，本词
条的含义从略。）

沐浴 | bath

一种取代宗教崇拜的神秘仪式，其功效至今没有定论。

床 | bed

病人受折磨的刑具；无法抵御悔恨丛生的避难所。

白兰地 | brandy

由一份悔恨交加、两份血腥谋杀、一份死亡–地狱–坟墓、四
份透明的恶魔，组合在一起调制而成的一种兴奋剂。它最理想的

剂量当然是——随时随地灌满脑袋。正如约翰逊博士所说：白兰地是属于英雄的饮品，只有好汉才敢冒险喝个痛快。

甘蓝 | cabbage

一种大伙都熟悉的蔬菜，其大小和人的脑袋相仿，聪明程度也相差无几。

糖果 | candy

一种由研成粉的石膏、提纯的葡萄糖、面粉和提前走向死亡组成的甜食。

棍棒 | cane

一种方便的工具，用以告诫温和的诽谤者和不体谅人的挑战者。

食肉动物 | carnivore

一种沉溺于残忍地吞食胆怯的素食者及其继承人、受让人的人。

早午餐 | dejeuner

一个去过巴黎的美国佬对早餐的称呼，其发音多种多样。

骰子 | dice

一种用象牙制成的小正方体，每一面都挖了些小圆坑，其结构和运转规律很像律师，搁在任何一边都是可以的，只是通常放在错的一边。

吃 | eat

接连不断（且熟练）地执行嚼碎、湿润和吞咽的动作。

划算 | economy

用购买一头奶牛稍嫌不够的高价，去购买一桶你并不需要的威士忌。

足够 | enough

如若你喜欢它，世界上到处都是它。

它几乎就是一场盛宴——而且，它就像一场盛宴和一个盘子一样好。

时尚 | fashion

一个被智者嘲弄并服从的暴君。

盛宴 | feast

节庆。一种宗教庆典，通常以大吃大喝、酒足饭饱等方式表现庆贺，目的是纪念某个以节俭而著称的圣人。

习惯 | habit

一种为自由而设的脚铐。

房屋 | house

一种中空的人造建筑物，用以供人、老鼠、甲虫、蟑螂、苍蝇、蚊子、跳蚤、病菌和微生物等居住。

苏格兰短裙 | kilt

一种在美国的苏格兰人和在苏格兰的美国人偶尔穿一穿的服饰。

蕾丝 | lace

一种精致而昂贵的纺织物，女人的灵魂一旦被它兜住，就成了一条在网里跳来跳去的鱼。

鞋楦 | last

鞋匠的工具，上帝并不满意的一个名字，也给了热衷于双关语的家伙们一个好机会。

通心面 | macaroni

一种细长的、空心管状的意大利食物。它由两部分组成——管子和孔，后者是消化的部分。

吗哪 | manna

古以色列人在经过荒野时所得的天赐的食物。当上帝不再空投这种食品时，以色列人就定居下来，开始耕种土壤，并为其施肥，肥料是土著居民的尸体。

花蜜 | nectar

奥林匹斯山上诸神在宴会上饮用的一种美味的饮料。它的制作秘方已失传，但现代肯塔基州人相信他们已经对其主要成分了解得差不多了。

馅饼 | pie

一个名叫"消化不良"的死神先期派遣的使节。

娱乐 | pleasure

最不会惹人生厌的灰心丧气。

钱袋 | pocket

动机的摇篮和良心的坟墓。在女人身上，这种器官没有了，因此她的行动是没有动机的。至于良心嘛，暂时不愿埋掉，仍然很活泼，在不停地证明别人的罪过。

打扑克 | poker

据称这是为了某些意图而用卡片来玩的游戏，至于这个"某些意图"，词典编纂家还不了解。

饮料 | potable

适于饮用的。水是可饮用的，有些人宣称水是我们的天然饮品，但这帮人也清楚——只有在我们轮流受到一种名叫"渴"的疾病折磨时，水才是"可口可乐"的；水是治愈"渴"的特效药，一口见效。除了那些最野蛮的国家以外，在任何时代的任何国度，人们都为发明水的各种替代产品耗尽心种、挖空心思。但仍没有一项发明能与它并驾齐驱，人对水的厌恶可见一斑。

酗酒 | tope

餐餐喝酒，豪饮、牛饮，泡在酒坛里，鲸吸、痛酌，做一个酒鬼。对个人而言，狂饮烂醉会惹来非议，但酗酒的民族却被当作最文明、最有威力的民族。当遇到嗜酒如命的基督徒时，饮食有度的伊斯兰教徒就像春草遇上镰刀一样纷纷倒地。在印度，十万名大嚼牛排、猪排，狂饮白兰地和汽水的英国人，竟然把二亿五千万名戒酒吃斋的雅利安人调教得服服帖帖。遥想当年，嗜好威士忌的美国人，又是多么从容地让禁酒的西班牙人乖乖地交出他们的财富的！从残暴斗士掠夺西欧沿海，醉醺醺地躺在每一个被征服的港口的时代至今，世界早已沧海变桑田，只有一点未变：全世界所有酗酒的民族都能攻善斗，爱战争甚于爱正义。

习惯 | usage

文学"三位一体"的第一位躯体，第二位和第三位分别是"因袭"和"俗套"。一个勤奋的作家若是对这种神圣的三位一体充满虔诚和敬意，那么他一定可以写出与流行时尚一样长久的作品。

人际交往篇

断交 | abjure

友谊重新建立的初始步骤。

剥夺 | abridge

使长的变短，大的变小。

熟人 | acquaintance

一类我们可以向他们借钱，但未熟悉到可以借钱给他们的人。这种友谊，在对方贫穷时疏远轻视，在对方红火时接近亲密。

赞赏 | admiration

一种对别人与我们有某些相近之处时的委婉首肯。

告诫 | admonition

温柔的责备，当手举剁肉大刀时，友好地警告。

忠告 | advice

面值最小的硬币。

道歉 | apologize

为再次的冒犯埋下的伏笔。

诽谤 | asperse

满怀醋意地把自己想做却没有机会去做的种种恶行强加到他人身上。

复仇 | avenge

现代惯用的做法，是通过欺骗加害者来给予受害者赔偿。

密友 | confidant

甲全然信任地将乙之隐私告诉丙，而丙又全然信任地将其告知丁。

俱乐部 | club

一个男人们聚在一起暴饮暴食，狂放欢闹，策划谋杀，亵渎诽谤母亲、妻子和姐妹的场所。

对于该词的确切含义，我得衷心感谢几位值得尊敬的女士，她们的丈夫是俱乐部的会员，也使她们拥有了最好的消息渠道。

决斗 | duel

两个对手握手言欢之前举行的正式仪式。一场令人满意的决斗需要的诀窍多极了，呆头呆脑、笨手笨脚的一方，必然要承担接踵而至、意想不到的悲惨结局。很久以前，一位男士就曾在决斗中丧生。

劝导 | expostulation

傻瓜们喜爱的、用以驱除朋友的诸多方法中的一个。

劝诫 | exhort

在人生信仰上，先往别人的良心上吐一口痰，然后放在烤肉叉上，烤到直冒黄油。

众叛亲离 | friendless

当没有恩惠可以给予他人时造成的一种境地。一贫如洗，沉醉于真相和常识的诉说中，也会造成同样的恶果。

友谊 | friendship

一艘大小在风平浪静的日子可以坐上两个人，在恶浪滔天之时却只能承载一人的小艇。

高谈阔论 | harangue

对手的发言，他以长篇大论而闻名。

主人 | host

在惯常的用法中，是指一个优先考察你的收入状况后，允许你称自己为其客人的人。

好客 | hospitality

促使我们去为某些并不需要食物和住宿的人，提供食物和住宿的一种美德。

介绍 | introduction

恶魔发明的一种社交礼仪，旨在奖励他的狗腿子、折磨他的对头。20世纪，这一礼仪在美国得到了恶意发展——这与美国的政治制度密切相连。每一个美国人都是平等的，因此他们都有权了解其他人，也即，每个人都有在未获得请求或允许的情况下，做自我介绍的权利。而《独立宣言》也应做如下解读：

"下面这些真理是不言而喻的：人人生而平等；造物主赋予他们不可剥夺的一定权利；其中包括生命，以及向他人强加无数的熟人、使其痛苦的权利；自由，特别是向他人介绍别人的自由，在不确定他们是不是熟识的敌人时；和一群陌生人，一起追逐另一个人的幸福。"

招待会 | reception

有明亮的灯光、醒目的标语，还有蠢透了的谈话。

酬答 | reciprocate

当某人提到你"瑰丽的想象力"时，你称他为"天才的笔杆子。"

推荐 | recommendation

自己不想用的人就转送出去，良心就不再受责怪了。

消遣 | recreation

一种用来消除全身疲劳的反常的心灰意懒。

谢绝 | refusal

表示不接受某种唯恐求之不得的东西；老处女对富贵而俊朗的求婚者就是这样干的；富豪的公司对总督大人所赐的无法估算的特权也是这样干的；一个死不悔改的国王对主教的赦免也是这样干的。这类例子举不胜举。按其结果的不同可以把拒绝分为以下几类：绝对的谢绝、有条件的谢绝、暂时的谢绝和女人的谢绝。有群诡辩家把最后一种叫作"拒绝式接纳"。

亲戚 | relation

一些你把他们召唤来或他们把你召唤去的人，取决于他们是比你富还是比你穷。

名望 | renown

介于臭名远扬与大名鼎鼎之间的一种声誉——比起前者，它稍微让人可以忍受一点，比起后者，则稍许让人不可忍受一些。通常来说，它是由一个不友好、不体恤他人的人授予的。

两次 | twice

只一次，太稀松平常了。

文雅 | urbanity

除了纽约之外，所有城市的居民都装备了的礼节，我们听到用得最多的是这么一句话："对不起，请原谅。"说这句话的人总是置对方的权利于不顾。

组织团体篇

共济会 | freemason

一个起源于查理二世时期，由伦敦的石匠组成的，以其秘密教规、可笑仪式和奇幻服饰出名的团体。时至今日，所有亚当的子孙，以及过去各个世纪的死者，都已陆续成为它的会员。不仅如此，它还正在大张旗鼓地从混沌时期的居民与无形虚空中招募有生力量。该团体其实在不同时代的不同国家都早已创立。其创立者有查理曼大帝、恺撒大帝、居鲁士大帝、所罗门王、琐罗亚斯德和佛祖。在巴黎和罗马的地下墓穴，在希腊帕特农神殿的石壁上，在埃及的卡纳克神庙、帕尔米拉神庙及尼罗河边的金字塔中，都可以找到它的标志和符号——发现它们的人都是共济会会友。

反对党 | opposition

在政治中，一种政党派别，它使政府变成跛子，目的是要阻止政府的肆意妄为。

逍遥派 | peripateticism

一个喜欢走过来走过去的学派。这与他们的创立者希腊人亚里士多德的讲学有关。亚里士多德在阐释他的一套哲学时，常常从一个地方踱到另一个地方，目的是要避免他的学生对他的反问。

他这样警惕真是多此一举——有关实质的东西他们比不上他。

圆颅党人 | Roundhead

英国内乱时期一个议会派分子。这个雅号之所以得名，是因为他们喜爱留短发，而他们的对手骑士派则正好相反，头发留得很长。这两帮人也有其他不同的地方，但头发长短之争，是引起他们誓死对抗的基本缘由。骑士派是保皇党党员，因为国王殿下——一个偷懒的家伙——发现听任头发自由生长，比洗脖子更省力。圆颅党人——他们大部分是理发师和肥皂制造商——觉得这种对长发的嗜好会毁掉自己的买卖，因此怒气冲冲地把矛头指向国王。今天，圆颅党人和骑士党人这两个死敌的后代，从发型上看不出有什么差别了，但是在那不易让人察觉的英格兰式礼仪的掩盖之下，仇恨的火焰仍在燃烧着。

信托机构 | trust

美国政治中的一个庞大公司，其人员绝大部分是勤俭的工人，其次是收入微薄的寡妇，再者是在监护人和法庭监视下的孤儿，此外，还有很多清一色的囚犯和人民公敌。

商业生产篇

出租车 | cab

一种让人心慌意乱的车，司机载着你在僻静的小路上历经一番左弯右拐的颠簸折腾后，将你扔在一个陌生的地方，然后掏空你的钱包。

商业 | commerce

财富转移的一种过程——甲从乙那里抢走丙的货物，作为补偿，乙又从丁的口袋里扒走属于戊的钱财。

一半 | half

被分成或假设分成相等的两份中的一份。

公正的 | impartial

对发生争执的双方或相对立的两种看法进行一番评判后，看不到对自己有任何利益的一种状态。

进口商 | importer

一类恶棍中的一员，其业务是从关税立法中得到"秃鹫对羔羊的保护"。

合并 | incorporation

将几个人合并在一起，组成一个公司的行为，目的是令他们不再对自己的所作所为负责。甲、乙和丙共组了一家公司——一家集掠夺、盗窃、诈骗于一体的公司，其中甲是强盗，乙是小偷，丙（因为必须有一位绅士参与）是个骗子。但是，甲、乙和丙共同决定，共同行动，以公司的名义把坏事做绝了，但他们本人是无可指责的。

破产 | insolvent

即没有财产来偿还债务。没有支付债务的意愿并不等于破产。这是一种商业智慧。

保险 | insurance

现代的一种绝妙的机会游戏，靠撞大运取胜，玩家确信他能轻松打败坐庄的人。

不公正的 | inexpedient

由于盘算得不够周密，不能给自己带来好处。

不公正 | injustice

在我们给别人或自己的所有负担中，我们拿到手的最轻，背在背上的最重。

聪明 | intelligent

在政治上，有投票权——在新闻界，有发言权；个人观点与社会理念一致；富有；高层聚会的常客。

意向 | intention

对一派势力胜过另一派势力的心灵感应，这是在危急时刻（有近期的，也有长期的）的一种本能行动的结果。

棘手的 | intractable

顽固地一条路走到黑，不允许任何东西改变自己。

劳动 | labor

甲为乙获取财富的众多步骤之一。

诡计 | machination

对手用来阻碍我们光明正大地去做正义事业的方法。

商人 | merchant

一个热衷于商业活动的人。热衷于商业活动，所热衷的不过是1美元。

大都会 | metropolis

地方主义的大本营。

金钱 | money

一种对我们没有什么好处的祝福，除非我们肯放弃它。它是文化的一种证明、上流社会的通行证，是受保护的财产。

外行 | outsider

一个对他不能去做的事或不能攀比的人异常挑剔的人。在商业和金融业中，他是预备役队员。

多收费 | overcharge

向他人索价太高，最后自己也付不起了。

海盗行为 | piracy

未经任何愚蠢的乔装打扮的商业，正好与上帝创立的一样。

计划 | plan

结局本来是确定不了的，却偏要冥思苦想地找到通向它的最巧妙的小径（这条还未存在的路，还没人走过呢）。

掠夺 | plunder

拿走他人的财产却不像小偷常做的那样体面地保持沉默。公开把他人的财产据为己有，同时让一个铜管乐队为自己助兴。从B那里强行抢走属于A的财物，让C为自己坐失良机而痛惜不已。

董事长 | president

一小撮人的头目——关于这伙人，可以肯定的是，他们的广大同胞没有谁愿意他们中的任何一个人当董事长。

价格 | price

值！当然还得算上讨价还价时，为良心的保持和撕扯所做的通情达理的费用计算。

财产 | property

任何物质的东西，没有特别的价值，不过A持有它是用于刺激B的贪欲，它是满足一个人的拥有欲而使所有其他人失望的任何事物。它是人短期疯狂追求的目标，又是长远来看漠不关心的东西。

商 | quotient

一个数字，它能显示一个人的钱财在另一个人的口袋里被装了几次——经常是能把它弄到的次数。

铁路 | railroad

种类繁多的机械装置之一，它使我们能离开现在待的地方，去到一个并不能使我们过得更惬意的地方。铁路的这种效用使它最为乐观主义者所宠爱，因为它能使他满怀渴望地跑来跑去。

偿还 | restitution

用赠送或遗产的方式出钱修建大学与公共图书馆。

财富 | riches

从极乐世界赐予来的礼品。

关税 | tariff

对进口商品所抽税的比率，其目的是保护本国的制造厂商的利润，抵制减轻消费者贪得无厌的消费欲望。

扣押 | sequestrate

一个掠夺斗败者的合法借口。

爱情婚姻篇

柔情的 | affectionate

沉迷于成为一个惹人厌烦的人。世上最柔情的，莫过于一只被我们洗得湿淋淋的狗。

诱饵 | bait

把钓钩变成美味的东西。最佳的诱饵是美人。

订过婚的 | betrothed

一个男人和一个女人互相取悦，却厌烦彼此的密友，并渴望用彼此的隐忍来安抚社会的一种状态。

重婚 | bigamy

一种风雅的错误，未来的人类智慧会判其忍受"三角恋"的严厉惩罚。

新娘 | bride

一个把美好幸福前程甩在身后的女人。

野兽 | brute

参见"丈夫"一词。

爱情 | darling

两性关系中，感情发展早期阶段的彼此感受。

花花公子 | dandy

一种自命不凡的人，对自己的优点有着独特的见解，并善于用服饰来突出这一点。

纵欲者 | debauchee

一帮狂热地追逐快乐的人，不幸的是他们跑得实在太快了，反而将快乐丢在了他们身后。

离婚 | divorce

吹响使战斗双方分开的号角，并让他们开始远距离作战的计划。

嫁妆 | dowry

女人垂钓男人时钓钩上的小蚯蚓。

私奔 | elope

以定居的危险和不便，换取旅行的舒适和安全。

家庭 | family

生活一个家庭单元里的一个个个体，其中包括男人、女人、孩子、佣人、狗、猫、鸟、蟑螂、臭虫、跳蚤——这是现代文明社会的"基本单位"。

丈夫 | husband

用完餐后负责看护碗盘的人。

内助 | helpmate

妻子，或另一半。

家 | home

一个万不得已之时的最后的应急之地——毕竟它是24小时开放的。

她的 | hers

就是他的。

不能和谐相处 | incompatibility

夫妻生活中相同的志趣，尤其是指那种两人都想支配对方的欲望。但是，这份志趣，甚至在一个只活动于床头屋角的低眉顺

眼的主妇身上，也能发现它的踪影。虽然，人们曾经以为这份志
趣甚至都长着一撮象征男人的胡须。

妒忌 | jealousy

爱的阴暗面。

接吻 | kiss

诗人们创造出来的一个词，用于与"极乐（bliss）"成双配对。
一般而言，人们都以为这是一种表示良好了解的仪式或礼仪，但
它具体的表现方式，本作者一无所知。

爱情 | love

一种暂时的精神错乱，可以通过婚姻或远离病源得以治愈。
这种疾病，像龋齿和许多其他疾病一样，只流行于生活在人工喂
养条件下的文明种族；那些呼吸纯净空气、吃简单食物的野蛮人
类，是不受其蹂躏的。有时，这种病也是致命的，但是它对医生
的伤害，比对病人的伤害更严重。

婚姻 | marriage

由一个主人、 一个夫人和两个仆人组成的一种社区形式或状态。

门不当户不对 | morganatic

一种糟糕的婚姻状况。缔结婚约的双方，男人出身高贵，女人却地位卑微，对这个女人来说，她除了拥有了一个丈夫之外，什么也没得到。

报复 | revenge

把你昔日恋人的情书寄给你的情敌——她的现任丈夫。

分居 | separate

在婚姻的甜蜜肥皂泡累积成的幻海中漂流之后，重新潜入谄媚求爱的海底。

怕老婆 | uxoriousness

一种对自己妻子的异常迷恋。

婚礼 | wedding

让两人合为一体的一种仪式,其中一人将化为无形,好让婚姻度可以忍受。

寡妇 | widow

基督教世界一致允许幽默对待的可怜人,尽管照顾寡妇是他们的主——基督的最显著的特点。

文学文化篇

缩略 | abrigement

对某人文学作品的删节缩略，受篇幅影响，那些与缩略人观点相反的部分都被删掉了。

格言 | adage

一种为松垮的牙齿准备的、剔去骨头的智慧。或者说是一种"古老"的陈词滥调，在历史中辗转流传下来，最终剩下的也只是一层外壳，"锯子"上的齿早就在人们的理解中被磨掉了。

喜剧 | comedy

一种不能亲眼在现场看到演员被干掉的戏剧。

词典 | dictionary

一种恶意的文学手段，主要用于限制一种语言的发展，使之日趋僵硬死板。

挽歌 | elegy

一类诗歌作品，写作时作者在不使用任何幽默手段的情况下，试图在读者心中唤起种种最为低潮的沮丧情绪。

幕间休息 | entracte

演员间歇的清醒期，这也正是他与老板理性谈话的好时机。

寓言 | fable

一个短小精悍的、意在说明一些重要事实或大道理的谎言。

妖精 | fairy

过去居住、活动在草地和森林里的一类生物，其风格和天赋各不相同，多在夜间出没，喜爱跳舞且热衷于拐骗孩子。

信仰 | faith

在证据全无、可比性全无的前提下，对某一人关于某一事物的说法却选择全部相信。

谬误 | falsehood

其实也是真理的一种，只要你对它与事实间的一致别要求太高。

历史 | history

一种大部分内容是描述错误的、不重要的事件的记载，这些事件多数是由无赖的统治者和白痴的士兵造成的。

拉奥孔 | Laocoon

一件著名的古董雕塑作品，描绘了一位同名的祭司与他的两个儿子被两条巨蛇缠住的情形。老祭司和两个小伙子用他们的技巧奋力去战胜蛇，并努力完成了自己的任务，这一极富感染力的高尚形象，被视为人类智慧战胜野蛮惰性的艺术例证之一。

荣誉获得者 | laureate

头上戴着月桂叶做成的冠冕之人。在英国，桂冠诗人是宫廷中的一名官员——在皇家宴会上，承担着扮演舞蹈骷髅的角色；

在皇家葬礼上，又是默默哼唱的一员。在所有荣膺桂冠的诗人中，罗伯特·骚塞是最值得关注的人，他药倒了给民众带来快乐的参孙，然后把他力量来源的头发剃得一干二净。他对色彩的感受也非同一般，可以模糊民众的疾苦，抹黑他们，让他们反倒像是犯罪之人一般。

桂冠 | laurel

月桂树叶，献给太阳神阿波罗的一种植物，扎成王冠模样的树叶环绕在获胜者的头上，或宫廷中有影响力的诗人脑袋上。

神话作品集 | mythology

原始民族关于他们的起源、早期历史、英雄、神灵等所有信仰的传说，区别于他们后来创造的历史事实。

小说 | novel

一篇被拉长的小故事。就像全景画是艺术中的巨幅作品一样，小说与文学之间也有着类似的结构关系。因为小说总是太长了，人们不可能一口气读完它，而在一次又一次的长时间连续阅读中，上一次阅读给人留下的印象也会依次被抹去。对小说来说，想要给读者留下统一、整体的效果，基本是不可能的；因为除了最后读到的几页，人们头脑中记下的仅仅是前面发生过的种种事情的某一两个情节。浪漫传奇与小说的关系，就像摄影与绘画的关系一样。不确定性，这是小说区别于其他文学作品的基本因素，与之相对应的照片，基本都是对现实物体的写照，并被归入报道范畴。浪漫主义者则完全不受现实的拘束，展开他们想象的翅膀，登上他们可能到达的想象高度——毕竟文学艺术的三个首要因素是想象、想象和再想象。小说的写作艺术，除了在俄罗斯正方兴未艾之外，早已在世界各地消亡。唯愿小说的灰烬能得以安息——只是，有些小说的灰烬也太多了！

歌剧 | opera

一部代表另一个世界生活的戏剧，那里的居民，除了歌声没有语言，除了手势没有动作，除了态度没有姿势。所有的表演都是模拟，"模拟"这个词本就来自猿猴；但在歌剧中，演员的模仿对象是一只猿猴——一只会哀嚎的猿猴。

演员模仿一个人——至少在外形上如此；歌剧演员则模仿猿猴。

哑剧 | pantomime

一种戏剧，它讲故事而无需语言，这是所有戏剧表演中最不惹人厌烦的一种。

诗集 | poetry

杂志以外，一块词句乖僻的天地。

读物 | reading

一个人所读的全部东西。在美国里，通常包括印第安纳州的小说、用方言写的短篇小说和用俚语创作的幽默小品。

我们往往通过一个人所读的书、所学的东西和所受的教养来了解他；从他的笑点来看他的前程。一个不读书、不会笑的人，也就无智慧可言。

评论 | review

投入你的判断力（不去抓疑点，纵然真实既不在骨子里也不在表皮），攻读一本书，这样读出言外之意，你开始了解它的内在品质。

韵 | rime

各诗句结尾音调相似、彼此呼应的词，大多数是很刺耳的。和散文性质不同的是，它的节奏通常是枯燥无味的，"韵"由此经常（恶作剧地）写成"韵脚"。

诗匠 | rimer

被漠视或轻视的诗人。

传奇 | romance

一种无须按照上帝所创造万物的本来面目而创作的虚构故事。在故事中，作家的思路被所谓的"真实性"束缚，像一匹拴在马桩子上的马一样。而在传奇作品中，作家的思路可以上天入地，穷尽想象的一切领域——自由自在，无法无天，不受任何束缚。有人说，小说家是一种很可怜的东西——不过是一个传声筒而已。他也许能创造出一些人物和情节，但他决不会异想天开地写现实中不可能发生的事件，即便他的作品就是一个实实在在的谎言。至于他为何要折腾自己，"每一步要拖着"他自己锻造的"越变越长的铁链"，他可以写上十大本著作加上解释；遗憾的是这些巨著散发的智慧之光还抵不上一根蜡烛的亮光，当然不用妄想照亮那黑暗的深渊；他为何要自讨苦吃，连他自己都莫名其妙。世上确有一些伟大的小说，因为那些伟大的作家在写它们的时候"用尽了他们的力量"。世界上最富魅力的传奇无疑是《一千零一夜》，这是毋庸置疑的。

色情 | salacity

文学作品的某种特性，经常能在通俗小说——尤其是由妇女或少女写的小说中见到。这些女作家给予这种特性另一个称号，而且认为自己通过展示它，正是在开垦一块被忽视的文学处女地，在进行一次被人漠视的收割。如果她们能不幸地活得足够长的话，她们一定会痛不欲生，恨不得把她们的全部手稿一把火烧掉。

连载 | serial

一种语言艺术作品，一般是一个虚构故事，它分期分章登出来，从杂志或报纸的这一期爬到那一期。为了方便那些没读过前几章的读者，每一个连载部分的开头都附有一个"前面几章的梗概"，以及"后面章节的提要"，因为很多人根本就没打算读后面的东西。连载作品的整体概略，说不定比作品本身更生动有趣一些。

故事 | story

一种叙事作品，通常是不真实的。

教育学术篇

学院 | academe

古代的一种学校，教授的主要课程是道德和哲学。

专科院校 | academy

现代学校的一种，从学院发展而来，主要教授怎样打橄榄球。

书本知识 | book-learning

无知的笨蛋们常用的口头禅，对所有超出他们认知范围的知识的一种嘲弄。

植物学 | botany

一门关于蔬菜的学问——研究那些爽口的，也探讨那些难以下咽的。它琢磨最多的还是这些蔬菜的花朵，它们普遍造型笨拙，色彩全无艺术感，气味更是熏得人直想吐。

教育 | education

向智者揭露他们的无知，对愚人却遮掩他们的无知。

学问 | erudition

就是从书本里抖落的，掉进空脑壳的灰尘。

深奥的 | esoteric

特别玄乎和神秘。古代的哲学分为两类：一类是通俗的，这一类哲学家自己还能做到部分了解；另一类是深奥的，就是那种谁也弄不懂其说了些什么的。有意思的是，对现代思想产生了深远影响的正是后者，并且它受到了这个时代最大程度上的接纳。

人种学 | ethnology

1.一门把人类分为不同族群的学问，如强盗、小偷、骗子、笨蛋、白痴和人种学家。

2.一门认识到白人和黑人之间的区别，却忽略了绅士和流氓之间区别的科学。

教鞭 | ferule

一种木制工具，用来打开小孩的混沌大脑，使学生理解你手中所拿东西指向的方位。

足迹 | footprints

一个行路之人对一个国家的印象。小偷断言他一直没有在地面上走路，因而没有证据能定他的罪。

地质学 | geology

关于地球外壳的一门科学——无论何时，一个男人若是爬出一口深井，必定会没完没了地针对地球的内部结构讲个不停，以完成他对地质学这门学科的补充与完善。地球上已知的地质构造分为三层：第一层，也就是原始的或处于底部的那层，由岩石、骨头或废弃的鞋子、煤气管、矿工的工具、残缺的古代雕像、西班牙的古金币和我们的祖先组成。第二层主要由红色蠕虫和鼹鼠组成。第三层则囊括了铁路轨道、人行道、草地、蛇、烂靴子、啤酒瓶、番茄罐头、醉鬼、垃圾、无政府主义者、疯狗和傻瓜。

学识 | learning

1.一种只知道勤奋学习的无知。

2.一种受文明种族影响并影响文明种族的无知，区别于野蛮人被学习引发的无知。见胡说八道。

逻辑 | logic

严格配套于人类的局限性和无能，来展开思考和推理的一种艺术。逻辑的基础是三段式的，即由大前提、小前提和结论三部分组成。

大前提：六十个人做一件工作的速度，是一个人的六十倍。

小前提：一个人在60秒内挖一个洞；所以——

结论：60个人挖一个洞只需要一秒钟。

在以上这种三段论算术中，通过逻辑和数学的结合，我们获得了双重的确定性，并得到了双重祝福。

权威 | luminary

让某一主题大放光明的人，正如主编，他无须动笔就能达到这种境界。

马尔萨斯人口论的 | Malthusian

关于马尔萨斯及其学说的。马尔萨斯认为，用人工的方法可以控制人口的增长，从而使人类摆脱困境，但他发现空谈是无法做到的。犹太王希律是这一理论最忠实的执行者（为了杀一个圣婴——耶稣，他不惜杀掉都城所有婴儿），当然，所有杰出的战士也都有同样的思考方式。

次要的 | minor

不那么令人厌烦的。

分子 | molecule

构成物质的一个不可分割的基本单位。它不同于另一种不可分割单位——粒子，而更接近于原子——也是物质的不可分割的一个单位。整个宇宙的构造有三大科学理论基础，分别是：分子论、微粒论和原子论。第四种理论则认为，物质是从以太中凝结或沉淀出来的——而这种凝结或沉淀作用则证明了以太的存在。当代的科学思潮则更趋向于离子理论。离子不同于分子、做粒和原子，因为它是一种离子。第五种理论是由一群白痴发起倡议的，但他们对物质的构造是否比前四种人懂得更多，是值得怀疑的。

单子 | monad

物体再也分割不下去的基本单位（见"分子"）。根据莱布尼茨先生的理论，正如他想让大家理解的那样：单子有躯体却不占有空间，有想法却从不加以表现——莱布尼茨先生是通过思考的先天力量结识了"他"，莱布尼茨先生在单子的基础上建立了一套宇宙理论，单子并无怨言，因为"他"是个绅士。单子虽然个头小了点，但"他"具有巨大的能量。进化成德国超级哲学家问题还是不大的——"他"虽然短小，却很精悍，可不能和杆菌之类微生物混淆，高倍显微镜下看不到"他"的身影，正好说明"他"是卓尔不凡的一个种族。

死亡率 | mortality

关于永生，我们所知道的部分。

牛顿学说的 | Newtonian

与牛顿创立的宇宙假说有关的知识。牛顿发现苹果必然要落向地球，但他不知道"何故"。牛顿的门徒和后继者让他的假说大大地前进了，他们有能力知道苹果在"何时"落地了。

泛神论 | pantheism

一种提倡"每一件事物都是上帝"的学说，与鼓吹"上帝是每一件事物"的论调刚好针锋相对。

动物学 | zoology

动物王国的科学与历史，包括它们的王——家蝇。一般认为，动物学之父是亚里士多德，但动物学之母的名字并没有流传下来。动物学最出色的讲解人是布丰和奥利弗·戈德史密斯，他们的作品告诉我们，家里的奶牛每两年要换一次角。

百科知识篇

气压计 | barometer

一种显示我们处在哪种气候状况的巧妙仪器。

电讯 | despatch

为了全方位地改良这个世界，由美联社发布的，对世界各地的谋杀、暴行及其他种种令人作呕的罪行所进行的不惜笔墨、细致入微的描述。

电 | electricity

这种能量制造了某些未知的自然现象。它和闪电差不多是一回事，后者成就了伟大而善良的富兰克林博士，成为其职业生涯中最栩栩如生的事件之一。

对于富兰克林博士，后辈们都怀着极高的崇敬，在法兰西更是如此。法国还展出了他的一尊蜡像，上面刻着他一生的感人事迹与对科学的重要贡献。

"富兰克林先生，电的发明者。这位杰出超凡的学者，历经几次环球旅行，最后在桑威奇群岛被一帮野人吞食，至今未能找回一块遗体碎片。"

防腐 | embalm

防止死尸腐烂，进而破坏动植物之间的自然平衡的一种保存尸体的方法。埃及人就热衷于对死者进行防腐处理，结果使那个本来土地肥美、人烟繁盛的强国变成了贫瘠的不毛之地。现代的金属棺材起着与防腐剂同样的功效，许多死去的人，本来早就该转化成一棵树去装饰邻人的草地，或是早就该变成一盘红萝卜去丰富邻人的餐桌了。可是现在，他们的尸体却完好无损地待在地下，一点用处都没有。当然，长远地看，这些废物也总会有用上的一天的。只是，可怜了紫罗兰、玫瑰这些漂亮的花儿，只能在想象中去享受它们的美食了。

万有引力 | gravitation

一种所有物体相互接近的倾向，其强度的大小与其质量成正比。这真是一个可爱而又有启发性的例子，向我们展示了科学是如何把A作为证明B的证据，反过来，又是如何把B作为证明A的证据的。

顺势疗法 | homoeopathy

1.一种介于对抗疗法和基督教科学之间的治病诀窍。相比之下，基督教科学更为高强，因为它能治愈想象出来的各种稀奇古怪的病，其他两种方法对比都束手无策。

2.一种旨在治愈愚人病的医学理论和实践。由于它不仅不能治愈甚至会杀死愚人们，因此受到了轻率者的嘲笑，却受到了智者的赞扬。

思乡病 | homesick

在国外破产后易产生的一种症状。

医院 | hospital

一个病人经常享受两种待遇的地方：一种是医生的治疗，另一种是监管人的冷酷无情。

魔术 | magic

一种把迷信变成硬币的艺术。还有一些其他手腕也能达到同样的目的，但谨慎的本作者不能大放厥词。

磁力 | magnetism

作用于磁体的东西。

关于"磁体"和"磁力"的定义是从上千名杰出科学家的杰作中提炼而来的，他们用巨大的白光照亮了这一主题，使人类的知识有了无法形容的进步。

海泡石 | meerschaum

（海泡，字面意思是大海的泡沫，许多人错误地认为它是用大海的泡沫制成的）一种白色的黏土。为了便于给它染上棕褐色，人们把它加工成烟斗，并用它抽烟。至于给海泡石染色的目的是什么，制造商并未透露。

催眠术 | mesmerism

催眠之前，它衣着华丽，坐着豪华的四轮马车，请满怀不信任的人吃饭。

千年期 | millennium

在所有改革者都站在底层的情况下，将盖子拧紧的一千年时期。

天文台 | observatory

在这个地方，天文学家用自己的推测推翻前辈的猜测。

机会 | opportunity

一个抓住失望的好时机。

讲演术 | oratory

语言与姿势合谋骗取人们的同情和理解。这是由速记法驯养出来的一种暴力。

露天 | out of doors

一个人生活环境的一部分，任何政府都没法对它征税。露天的主要作用是激发诗人们的灵感。

颅相学 | phrenology

剥开头皮去掏钱包的一门科学，它包括探查和开采头颅，人正是因为有这种器官才容易受到诈骗。

处方 | prescription

医生对于什么东西能最久地维持病人的病情，同时又尽量少地对病人造成危害所做的一种猜测。

自动推进武器 | projectile

结束国际争端的最终手段。从前，这些争端都是通过争端双方的短兵相接来解决的。双方的论据都很简洁，最主要的原因是当时仅能创造出类似剑、矛之类的武器。随着军事技术的发展，人们变得越来越谨小慎微，自动推进武器也因此越来越受到人们的欢迎，那些勇猛的人们更是极度地器重它。自动推进武器的致命缺陷在于，使用者需亲自到场参与。

技术性 | technicality

在英国的一个法庭上，一位名叫霍姆的男子因诽谤指控邻居犯有谋杀罪而受到传讯。他的原话是："托马斯爵士用菜刀在他厨子的脑袋中间劈了一刀，结果厨子的脑袋一半倒在这边肩上，另一半倒在那边肩上。"最终结果是，法庭判决霍姆无罪释放，知识广博的法官们认为，霍姆的话并不等于指控托马斯爵士犯有谋杀罪，因为他们不能断定厨子是否死了，所谓"厨子之死"不过是一种推论而已。

艺术相关篇

手风琴 | accordion

一种很适合为刺客伴奏的哀伤乐器。

单簧管 | clarionet

一种由耳朵里塞了棉花的人操作的刑具。比其更可怕、更折磨人的则是一种合成刑具——由两只单簧管组成的——双簧管。

音乐会 | concert

一种声势浩大的长嚎，让哭闹声再大的孩子都自愧不如的娱乐活动。

克雷莫纳 | Cremona

产于美国康涅狄格州的古韵十足的意大利小提琴，其售价，你懂的。

娱乐 | entertainment

任何一项娱乐活动，它的结束或终结都不会是因为沮丧。

小提琴 | fiddle

让人类耳朵发痒的一种工具。它是通过用马的尾巴摩擦猫肚子里的肠子或内脏所产生的尖叫来奏效的。

长笛 | flute

一种中空的、有很多孔的棍子，主要用于惩罚罪恶。施展这一刑罚的，通常是一个长着稻草色眼睛的、头发稀疏的年轻人。

犹太竖琴 | jews-harp

一种弹奏非音乐的乐器。使用时，需用牙齿紧紧地咬住它，再用手指折腾来倒腾去扯它。

里尔琴 | lyre

让古希腊人上瘾的一种七弦竖琴，实际上是一种源远流长的刑具。

绘画 | painting

一种艺术，它竭力保护一些平面免受风雨的侵袭，却把它们暴露在批评家的指责之下。

从前，绘画和雕塑是合而为一的：古人往往在他们的塑像上涂上多种颜色。现在，绘画和雕塑这两种艺术只有在一种情况下才合而为一：现代画家用"精雕细刻的"手段诈骗他的赞助人。

图画 | picture

在三维空间里让人厌倦某种东西，在二维平面上显现它，即图画。

钢琴 | piano

一种放在客厅用来对付脸皮薄的来客的用具，通过按压这个用具的键可以控制这个家伙的意识。

复制品 | replica

专指那些由原作者本人复制的艺术品，由另一个艺术家所做的仿制品被称为"赝品"，两者之间有天壤之别，即使两者的技艺一模一样，复制品也要昂贵得多，因为人们认为它看起来更为美妙。

情感思维篇

抛弃 | abandon

纠正一段出错的友情。对女人而言，"被抛弃"一词往往是在"不光彩"的意义上的措辞。

反常 | aberration

一种偏离自身思维习惯的行为，尚不足以构成精神错乱。

遵从 | abide

房东通知已将房子出租给愿意支付房租者时，应该表现出的冷漠态度。

凄惨 | abject

没有收入，没有遗产，没有好衣服。

变态 | abnormality

即不循规蹈矩。在思想和行为上，表现出与众不同，而不是随波逐流即为变态，而变态就意味着招人嫉恨。因此，敬劝各位，一定努力消灭自我，努力融为普通人中的一员；而凡达此境界者，必将享受安宁，顺利实现走向死亡、迈入地狱之期望。

可恶的 | abominable

他人意见的质量与品质。

深奥 | abstruseness

一种明目张胆的圈套所用的诱饵。

崇拜 | adore

满怀期待的倾慕。

苦恼 | affliction

一个磨炼灵魂，以使其更好地适应一个更痛苦的世界的过程。

孤单的 | alone

不良好的结伴与陪伴。

反感 | antipathy

一种由朋友的朋友激发出来的情绪。

冷淡 | apathetic

婚礼举行六周之后的感情。

热情 | ardor

区分爱情是否瞎了眼的标志。

纯朴 | artlessness

女人们经过长期的学习和严格的训练，才从爱慕的男性身上习得的一种品质。而男性往往把这种品质同孩童时期的天真率真相提并论。

好奇心 | curiosity

女人灵魂深处最惹人厌烦的一种品质。而男人最强烈，也最难满足的激情之一，就是想知道一个女人是否可憎地富于好奇心。

危险 | danger

一种凶猛的野兽，当它酣睡之时，人们会不停地跟它开玩笑，一旦它睁开惺忪的睡眼并站起来，大伙就会一哄而散，抱头鼠窜，溜得远远的。

依赖 | dependent

寄热望于他人慷慨大方的支持，因为你还没有能力强迫他献出你需要的东西。

沮丧 | depression

由报纸上的笑话、游吟诗人的表演或对他人成功的沉思，所引发的一种精神状态。

自嘲 | derision

面对智者的蔑视时，愚人们自我安慰的无力辩解。

苦恼 | distress

因朋友的富裕所引发的一种疾病。

嫉妒 | envy

一种最无能的竞争。

尊敬 | esteem

1.对一个人有能力为我们服务而尚未拒绝的人的好感程度。
2.对捐赠的全额支付。

疲惫 | fatigue

哲学家思索了人类的智慧和美德之后的状态。

恐惧 | fear

一种马上就要完蛋的感觉。

热情 | enthusiasm

年轻人身上常见的一种疾病，内服一些小剂量的悔恨，外敷一些经验的药膏，即可治愈。著名诗人拜伦爵士，虽然也曾治愈此病很多年，可当此病再次复发后，却直接把他带到了天边的希腊，最后病死在那里。

忧郁 | gloom

一种精神状态，往往由阅读一位吟游诗人的诗、报纸上的怪事、本书，以及对天堂的希冀所引发。

感激 | gratitude

介于所获得的利益和预期的利益之间的一种情绪。

幸福 | happiness

一想到他人的痛苦凄惨经历就涌上心头的一种愉悦感。

怨恨 | hatred

当他人比自己强时所表露出的一种合适的情绪。

傲慢的 | haughty

骄傲而轻蔑的，像个侍者一样。

诚实的 | honest

深受说话结巴、谈吐木讷的折磨。

希望 | hope

欲望和期望搅和在一起的产物。

敌意 | hostility

对地球上过于拥挤的人口数量而生出的一种异常尖锐和特殊的感觉。敌意有主动和被动两类，如一个她的同性朋友的敌意，以及因她/他对所有其他性别的兴趣而引发的敌意。

疑心病 | hypochondriasis

个人精神的萧条期。

想象 | imagination

塞满真实的一个仓库，为诗人和骗子所共同拥有。

无远见 | improvidence

用明天的收入支付今天的花销。

不共戴天 | incompossible

不能和其他东西共同存在。如果世界只能装得下两个东西中的一个，那么这两个东西就是不共戴天的——正如沃尔特·惠特曼的诗与上帝对人的怜悯。从意义上可以看出，"不共戴天"是"不能和谐相处"的进一步释放。"先生，对不起，我们不可能共存的。""小子，离我远点，否则老子宰了你。"这两句话所表达的意思是一样的，但前者在仪态礼节上明显更胜一筹。

反复无常 | inconstancy

请参阅"女人"一词。

不忠的 | inconstant

请参阅"男人"一词。

漠不关心 | indifferent

对事物之间的区别不敏感。

感染力 | influence

在政治中，用充满想象力的言词换得大量金钱的能力。

忘恩负义 | ingratitude

一种与接受恩惠不矛盾的自尊。

精神错乱 | insanity

一种光泽华丽的智力产物，而理智则是它的背面。除非真的有人无所不知，否则没人知道精神错乱到底是怎么回事。在西方国家，普遍认为这是一种大脑的错乱现象，但东方人则认为这可能是一种灵感的迸发。在穆罕默德那里受崇拜的一个人，到基督徒那里极有可能被围紧身衣或链子绑在柱子上。

亲密 | intimacy

在天意的牵引下，愚人们为了毁灭彼此而相互吸引的关系。

放纵 | intemperance

一个见人就咬的怪兽，它追咬一切懦弱的人，却绕过了那些敢于向它挑战的人。

喜悦 | joy

一种不同程度的激动情绪，但其最高程度是因想到他人的悲痛而引发的。

妒忌 | jealous

对那些本不须担心失去、不值得保留的东西，所给予的过分关注。

疯狂的 | mad

一个能独立思考的人，一个不赶潮流、也不会接受折中派的做法；一个与大多数人意见相左的人；简言之，一个不同寻常的人。值得一提的是，不少人被官员宣布为疯子，但这些官员却没有证据能证明自己的神智是正常的。比如，本辞典的编纂者就没有任何证据证明他比疯人院的任何一个病患更清醒。然而，他以为他是在从事着什么崇高的职业，事实可能却恰恰相反，其实他被关在疯人院里，正双手用力敲打着窗台，宣称自己是诺亚·韦伯斯特（美国学术和教育之父、韦氏词典编者）。

理解 | mind

大脑分泌的一种神秘物质。它的主要活动是想绞尽脑汁弄清自己到底是什么，可叹的是总以失败告终，因为它能用来了解自己的东西，只有它自己，别无其他。

不幸 | misfortune

一种永远不会错过的财富。

健忘 | oblivion

在这种状态中，邪恶之徒不再折腾，倦怠之人终于获得了休息。这是填埋荣誉的垃圾场，也是冰冻热烈期待的冷藏库。在这里，雄心勃勃的作家拿起自己的著作时不感到骄傲，看到他人更好的作品时也不妒忌。这是一个没有闹钟的集体宿舍。

饶恕 | pardon

免除处罚，使得罪行获得新生。这是用忘恩负义加大犯罪的诱惑力。

急躁 | precipitate

快开饭了。

偏好 | preference

一种情感或心境，由认为某种东西比另一种东西更好的错误信念所引起。

古代有位哲学家，他认为生并不比死更好，在讲述他自己的理论时，一个学生问他为什么不去死。"因为，"他回答道，"死也并不比生更好。它更漫长。"

偏见 | prejudice

一种缺乏明显依据的游离不定的见解。

预感 | presentiment

预先看到某种即将出现的事情，就是预感。比如，当你凌晨三点溜回家时，还能看到太太房间亮着灯。

预兆的 | prophetic

比如，在举行婚礼的前一个晚上梦见一个魔鬼。

回忆 | recollect

追忆过去，同时加上一些未曾有过的事情。

反省 | reflection

一种心灵运动，我们通过它能更清醒地了解我们与昨天的事情的联系，以便躲开那些我们根本不会再遇到的危难。

耳目一新 | refresh

碰上一个对读过的东西确信不疑的呆子。

忏悔 | repentance

惩罚之神的贴身仆人和忠实跟班，此情感常伴随着一定程度洗心革面，但这种洗心革面与其罪行的延续性并不矛盾。

崇敬 | reverence

人对神和狗对人的态度。

饱足 | satiety

一个人吃完盘中的食物之后对盘子的感情。

丢脸 | shame

丢脸的人，就是那种在大庭广众面前呆头呆脑、手足无措，而违法乱纪、调皮捣蛋却能每天可得8块钱报酬的人。

机智 | wit

一种盐，美国幽默家在烹调智力美餐时从不放它，因此煮出的东西一点味道也没有。

愤怒 | wrath

比一般怒气更为细致一点的愤怒，适合于高贵的人物或重大场合；如"上帝的愤怒""天谴之日"等。在古人看来，国王的愤怒是神圣的，因为它通常可以通过上帝的旨意来表现出来，祭司的愤怒也是如此。特洛伊战争之前，希腊人深受阿波罗的折磨，他们人口普查官勤勤恳恳地执行他的任务时，不用再担心会有什么灾难。

崇拜 | worship

最早的人内心深处的口供，上帝创造物的高尚装潢。一个流行的谦卑仪式，其中还有几分自负。

状态特征篇

出其不意的 | abrupt

突然发生、无任何仪式、不打任何招呼地突然而至，好似炮弹从天而降或是炮弹突袭而奔逃自保的士兵。

目标 | aim

一种我们用想象去完成的任务。

整齐 | arrayed

整齐、井井有条地排列着，就像众多闹事者被抓后一个个按顺序吊在灯柱上示众一样。

狂欢 | carouse

用一系列的仪式庆祝强烈头痛的大驾光临。

舒适 | comfort

一种因看到隔壁邻居的坐卧不安而出现的心情或状态。

轻蔑 | contempt

一个谨小慎微的男人，面对一个强大到无法与之对抗的敌人时所表现出的一种态度。

退化的 | degenerate

比祖辈略逊一筹的意思。与荷马同时代的人正是这种退化的典型案例：他们至少得十个人才能举起一块大石头或挑起一场暴乱，而在特洛伊战争时期，任何一个英雄都能轻而易举地做到这一点。

审慎 | deliberation

仔细翻看面包，以弄清将黄油涂在哪一面的行为。

错觉 | delusion

一个最受尊敬的、人丁繁多的家庭中的慈父，家庭成员包括热情、友爱、谦虚、忠诚、博爱、善心等许多善良的儿女们。

万能的错觉，多亏了有您的存在，这个世界才未变成混乱、肮脏的存在。因为罪恶披着圣洁的外衣，受人尊敬地四处翱翔，而真、善、美却缩作一团。

区别 | discriminate

可能的情况下，留意一个人或事物的特点，尤其是比另一个人或事物更令人反感的细节。

期待 | expectation

人类情感中的一种状态或心理状态，它随希望而来，又因紧随其后的绝望而逃之夭夭。

幻灭 | evanescence

快乐和悲伤之间迷人的区别，让我们能够迅速区分快乐和痛苦，以便更好地享受前者。

著名的 | famous

悲惨得引人注目。

浮躁 | fickleness

一种令进取感得以反复满足的感情。

自由 | freedom

从权威的重压中解放出来的状态；所受不多的束缚，但无处不在。这是每一个国家都自以为享有的一种政治状况，实质上更趋于垄断状态。一个与"自由"意义相似的词是"解放"，将这两个词分辨清楚是很令人头痛的事，自由主义者从未找到过令人信服的实例。

想象中的最珍贵的财产之一。

愚蠢 | folly

一种"神圣的才能和天赋"，正是它的想象力和支配力激发人的意志，指引他的行动并美化他的生活。

有勇无谋的 | foolhardy

做一件勇敢的事情时运气不好。

目瞪口呆 | gawk

一个风度不那么完美优雅的人，有点过分沉溺于自暴自弃的恶习。

一般地 | generally

一种通常的、常见的情况。例如，男人一般爱撒谎，女人一般不可信，等等。

真的 | genuine

真正的，真实的，如真正的假冒品，真实的伪善等。

好的 | good

一种礼貌用语，夫人们口中的"好的"，是对本作家价值的一种肯定；而先生们口中的"好的"，那就是为了能让他一个人待会儿。

伟大的 | great

"我伟大，"狮子得意洋洋地说道，"我是森林与草原之王。"

"我伟大——我的四条腿最重。"大象反击道。

"我伟大——任何动物的脖子都没有我的一半长。"长颈鹿居高临下地叫嚷。

"我伟大——"袋鼠跳了跳，"我的大腿如此孔武有力。"

"我伟大——"负鼠开了腔，"瞧，我的尾巴灵活，无毛又清凉。"

"我伟大——"油炸牡蛎忍不住了，"我的味道吃起来最香。"

谁都有别人比不了的地方，也就是世上最伟大的。

同理，也会有人自认为是同伴中的尖子——最蠢的笨蛋。

懒惰 | idleness

一个示范农场，魔鬼在那里试播了新式罪恶的种子，并促进主要恶行的生长。

卓越的 | illustrious

它恰好放在怨恨、嫉妒和流言蜚语的中间位置上。

低能 | imbecility

一种神赐的灵感或火焰，激励着对本书持吹毛求疵态度的批评家。

无远见 | improvidence

用明天的收入支付今天的花销。

先天的 | innate

天生的，生下来就有的——比如"先天观念"，指的是在我们呱呱坠地之前，上天就已经赋予我们的观念。先天观念说，是哲学中最令人信服的教条之一，因为它本来就是一种先天观念，自然也就无从反驳，虽然洛克曾可笑地声称自己给了这一学说一个下马威。在各种先天观点中，值得一提的有：相信自己有能力办一份报纸，相信自己的国家是伟大的，相信本国的文明优于他国的文明，相信自己的私事很重要，相信自己患的病独具一格。

醉酒 | intoxication

一种可能一直持续到第二天清晨的精神状态。

懒惰 | laziness

一种底层人士无法享受到的悠闲。

忍耐 | longanimity

在报复确实可行之前，对欺辱照单全收。

低劣的 | low-bred

饲养大的，而不是教养大的。

壮观的 | magnificent

比观众习惯认知中的更辉煌更庞大。例如对兔子而言，驴子的耳朵是巨大的；对蛆虫来说，萤火虫的亮光是辉煌的。

庞大 | magnitude

一种度量标准。大小都是相对的，没有什么东西绝对的大，也没有什么绝对的小。如果世界上的所有东西体积都增大一千倍，那么相比从前，没有哪样东西会更大，但假若有一样东西没能增大，则其他所有东西都会感觉大得不得了。对熟悉量级和距离相对性的人来说，天文学家望远镜中的浩瀚星空，并不会比显微学家显微镜下的微观宇宙更令人印象深刻。也许，世界与我们所感知的恰巧相反，我们所看到的宇宙不过是某个原子组成中的一小部分，其组成离子正漂浮在某种动物的生命流体（发光以太）里。对那些散居在我们血红细胞里的微生物来说，当它们认真思考从一个血球到另一个血球的那不可想象的距离时，恐怕也会惊奇得哑口无言！

非凡的 | marvellous

大众不理解的。

温顺 | meekness

计划一次值得一试的复仇时，所表现出非凡的耐心。

虚情假意的 | mendacious

沉醉于修辞之中。

宽恕 | mercy

被发现的疑犯们最热爱的一种品德。

更多 | more

虽然已经足够多了，但还是必须要比别人更多一点。

物质的 | material

实实在在地存在的，区别于想象中的，与"重要的"同义。

固执 | obstinate

无论我们鼓吹得多么辉煌壮丽，哪怕道理明摆在那里，也依然不被接受，即为固执的。

固执中最具代表性、最典型的，当属驴子——一种聪明到了极点的畜生。

废弃的 | obsolete

不再为胆小的人所使用的，主要是指语言中某个词被认为已经过时落伍了。某个词一旦被某个词典编纂家鉴定为"废弃的"，那么从此以后，愚笨的作家就会对它退避三舍，拼命绕过它，再不敢使用它。但是，对一个卓越的作家来说，只要它是一个很棒的词，且在现代词汇中找不到与之对等的词，那么这个词就会成为该作家的掌上明珠。事实上，一个作家对待已经"废弃的"词的能力，是衡量其才华和文学能力的最可靠的一杆秤，仅次于他对作品中人物的塑造。一本搜集已废弃和马上废弃之词的词典，将会大大地扩充一位合格作家——可能不是一位合格的读者——的词汇库，也会极大地增强一篇演说稿的真实性和说服力，并令其变得更加优美动听。

偶尔的 | occasional

用一种一会儿快、一会儿慢的节奏，不加停顿地折磨着我们。不过在应景诗中，这个词的含义可不一样。所谓"应景诗"就是在某些特定场合，如周年纪念、庆典或其他活动中会写的诗。实话实说，相比其他种类的诗，这种诗折磨人的功力确实更臻上乘；且从它名称的深意来看，它可不只是偶尔和我们过不去。

老的、过时的 | old

已经没什么用处了，但又不是通常所谓的低能，这就代表你老了。随着时间之流逝而失去了光彩，不适合流行趣味的胃口，这就是说过时了，比如一本旧书就是如此。

圆滑的 | oleaginous

抹了油一般的，光润的，甜言蜜语的。

英国老首相曾形容某主教的言行是"油腻腻的、圆滑的、容易溜掉的"，由此这位好心的主教便拥有了"肥皂山姆"这个外号。任何人在语言中都会有一个特别恰当的词，会像第二层皮肤一样紧紧地黏住他，而他的敌人们总是能寻觅到这个最绝妙的词。

结果 | outcome

一种特殊状态的失望。在那些能用例外反证规律的人眼里，行动的明智是由行动的结果来判定的。这真是一种不朽的胡言乱语，某一行动是否明智，其实视行动者采取行动时的见识而定的。

否则 | otherwise

"好不到哪里去"的另一种表达形式。

过度劳累 | overwork

那些一心想去钓鱼的政府高官常常染上的疾病。

可怜的 | pitiful

在我们的想象中，敌人与我们遭遇之后的悲惨状况。

彬彬有礼的 | polite

乔装打扮的功夫真是到家了。

贫穷的 | poor

没缴纳税款的。

有把握的 | positive

因他人最强烈的呼吁所产生的错觉。

可能的 | possible

只要有耐心（当然，还得有钱），一切对你都有可能。

热爱 | predilection

为演出幻灭而搭起的舞台。

精明的 | prudent

一个人对听到的相信百分之十，对读到的相信四分之一，对看到的相信一半。

不可思议的 | preternatural

借出去的伞又回来了。

流行的 | prevalent

感情迷乱的。

将来的 | prospective

乱成一团。

装正经 | prude

一个立着贞节牌坊的婊子。

准时的 | punctuality

一种似乎在讨债人那里得到畸形发展的品德。

无瑕的 | pure

就像生病的牛犊身上脱落的疮疤。

颤抖 | quiver

古代政客和乡巴佬律师穿的一种薄薄的连衣裙，好用来揣进一些轻于鸿毛的证明。

摇摇欲坠的 | ramshackle

与某种建筑式样有关，或说是常见的美国秩序。美国大多数公共建筑都是这种类型，虽然早期的一些建筑师更喜欢讥讽型风格。在华盛顿白宫的扩建部分，增加了神殿式风格，这些建筑是挺好看的，但价格也挺惊人——每块砖头都要耗费100美元。

真正地 | really

表面上地，明显地。

多余的 | redundant

过剩的；没有必要的。

文质彬彬 | refinement

造型雅致的香槟大酒杯中装满浓烈的威士忌酒。

轻松 | relief

在天寒地冻的清晨，一大早醒来，发现是一个星期天。

遥远的 | remote

美德比金钱更受人欢迎的那一天。

居住的 | residential

不能离开的。

责任 | responsibility

很容易就可以转移到上帝、灾难、财富、幸运或邻居肩上的一种负担。占星术流行的时代，人们常把这种东西归结到星座上去。

光荣的 | resplendent

正如一个头脑简单的美国市民躺在他寄居的窝棚里，设想并断定他在广场阅兵方阵里作为其中的一员的重要性和影响力。

阴暗的 | shady

国会大厦里的交易。

沉闷 | tedium

厌倦、单调，厌烦者的一种心绪。

老实的 | truthful

愚笨的，未开化的。

丑恶 | ugliness

众神送给某些人的才能，拥有此才能者无须谦卑。

脆弱 | weakness

泼妇威力的源泉，凭借它，可以管理那同样脆弱的男人，令他就范而毫无违抗之心。

纯洁的 | white

黑暗的。

热情 | zeal

一种神经紊乱症状，主要折磨年轻人和缺乏经验的人。

语言文字篇

准确 | accuracy

一种乏味的、早已被人从语言中攘出去的玩意儿。

符合 | accord

和睦的表现。

警句 | aphorism

早已被咀嚼得稀巴烂的智慧。

下流话 | billingsgate

来自对手的一切批评与抨击。

无韵诗 | blank-verse

一种不押韵但有节奏的诗体——最难写得好的一种英语诗歌，正因为如此，那些其他类型的诗都写得烂透了的人，特别热衷于写这种诗。

日记 | diary

一个人的生活中，他可以毫不脸红地讲述出来的那一部分的每日记录。

讨论 | discussion

一种进一步证实他人错误的方法。

雄辩 | eloquence

一种令傻瓜们臣服的口才艺术——不只说白色的就是白色的，也包括让任何颜色看起来都像白色的一项天赋。

警句 | epigram

1.谚语、散文或诗歌中，短小而尖锐的一种话，常以酸涩、辛辣为特征，有时也能咂摸出一丝智慧。

2.诗歌中短小、尖锐且常表现出巧妙思维的话。

墓志铭 | epitaph

1.墓碑上的铭文，告诉众人死亡能带来高尚的品德，并让人缅怀。

2.一种纪念性铭文，旨在告诉死者，如果他有机会并且愿意，他本可能会成为什么样的人。

颂词 | eulogy

对一个有财富、有权势，又面临死亡问题的人的赞扬。

委婉语 | euphemism

演讲或写作中的一种修辞手法，在表达真实感受或事实时，所表达出来的感情要柔和得多。

小谎言 | fib

一种不至于被人打掉牙的谎言。一个老骗子最靠近事实的地方：他活动和经验的最低起点。

语法书 | grammar

专为自学成才之人精心布置的一系列陷阱，星罗棋布地埋设在通往光荣与梦想的路上，精心地候着他们只能一路走下去，再也停不下来。

搞砸 | hash

这个词的定义至今不确定——因为还没有人知道搞砸到底是怎么回事儿。

嗨呵 | heigh-ho

一个大概是表示某种程度的倦怠，并夹杂着遗憾的词。它出现在文学作品中的频率很高，但生活中却极少听到。有些人认为它代表打哈欠，有些人认为它代表叹息。诗人们使用它的方式多种多样，或是为战争呐喊所用，或是为夜间发情雄猫的感叹所用。

不可思议 | incomprehensibility

神的主要特点之一。

碑文 | inscription

写在某种物体上的文辞。碑文的种类繁多，但大多是纪念性的，用以纪念某位杰出人物的光荣事迹，把他的成就和美德传给后人。

语言 | language

一种音乐，用来诱开酷爱音乐的、守护别人财宝的毒蛇。

舌战 | logomachy

一场以语言为武器的战争，刺穿的是自尊心吹起来的气囊。在这场战争中，失败者意识不到失败，胜利者也得不到成功的回报。

传说 | lore

一种不是从正规学院的正规课程中学到的学问，而是源于星相、炼金术之类的秘籍，或是源于经验的积累。

我 | me

英语中的人称代词，分为支配性、反对性和压迫性三种情况。

独白 | monotogue

一场没有耳朵参与的、独属于舌头的活动。

我的 | mine

我能取得的所有一切都是我的。

胡说 | nonsense

对这本卓越不凡的辞典的一切非议都是胡说。

拼字法 | orthography

一种用眼睛代替耳朵的拼字学科。掌管疯人院的人带着疯狂而不是智慧提倡这种方法，要把它教给那些疯里疯气的人，从乔叟时代以来，疯人院的院长们已不得不承认一些东西，但是他们仍在狂热地维护他们以后必须放弃的东西。

因胡说八道，一位拼字改革者受到法院的控告。法官说："够了，对这个家伙，我们宣判——把他扔进坟墓，掐掉坟墓里的烛光，以免他的坟墓嘶嘶作响，胡说八道。"

超过 | outdo

制造一个对手。

欠 | owe

背负（或拥有）债务。"欠"这个词从前表示不是负债，而是所有权，"欠（owe）"和拥有（own）同义。在很多负债者心目中，自己的资产和债务根本就分不清彼此。

说服 | persuasion

一种催眠术，说服者的意见隐藏在推理和诱惑之中。

陈词滥调 | platitude

通俗文学的基本要素和特殊荣耀。在堆砌成山、烟雾弥漫的语言中鼾声四伏的思想。用傻瓜的话语表达出来的一百万个傻瓜的智慧。人造岩石中埋藏的化石情感。没有情节的寓言说教。逝去的真理的遗骨。用牛奶和道德搅成的半杯寡淡饮品。尾羽全部掉完的孔雀的光秃秃臀部。思想的海滩上枯萎的水母。产完蛋的母鸡在咯咯地打着鸣。一个又一个枯燥乏味的格言警句。

冗词赘语 | pleonasm

一大批词句的军队护送一个思想的下士。

犁 | plow

一种令只习惯笔耕的手大哭大叫的用具。

附言 | postscript

收到一位女士的信后，只读这一部分就够了。

印刷体字 | print

在这玩意里面，许多苍白的观念高视阔步、高歌低吟、高谈阔论，却从来没产生过什么真正的效果。

出版 | publish

在文学事务中，准备好接受评论家的毒舌折磨。

双关语 | pun

一种词语的智慧，在它面前，聪明的人小心翼翼，而笨蛋们则摩拳擦掌，斗志昂扬。

巧辩 | repartee

在反驳对方时谨慎地挖苦他。那些具有厌恶暴力的性格但又生性渴望攻击他人的绅士们最爱这样做。

批评 | repudiation

当整个国家由强盗操纵时，个别强盗发出的声音。

下流话 | ribaldry

别人对我吹毛求疵的话。

嘲笑 | ridicule

故意针对某人而说的一些话，目的是要表明这个人欠缺发言者所具备的严峻和高贵。嘲笑可以用文字来表示，也可以用声音来表达，还可以用笑来达到目的。人们常引用这样一句话——嘲笑是检验真理的标准——这真是一种荒谬的观点，因为很多严肃的谬论经历了几个世纪的冷嘲热讽，可时至今天，仍屹立着，不可撼动。举例来说，有什么比"婴儿值得敬畏"这一学说所遭受的嘲笑更激烈的呢？

废话 | rubbish

没有价值的问题及事情，如宗教、哲学、文学、艺术和科学。

谣言 | rumor

嗜好用暗箭伤人者最宠爱的武器，目标是杀死别人的名誉。

讽刺作品 | satire

一种过气的文学类型，它用一种不雅驯的温柔诉说对手的恶行与蠢事。在美国，讽刺从来都是一种病态的、脆弱的存在；讽刺的灵魂是机智，可气的是美国人所缺的正是这玩意，而我们误以为是讽刺的幽默，和任何幽默一样，只是一种宽容姑息的东西。更有甚者，尽管美国人"被他们的造物主赋予了"大量的罪孽与蠢行，但是大多数美国人还没意识到它们是应当受到谴责的。因此，讽刺作家普遍地被看成一个性情乖张的坏蛋，一旦某个被讽刺的人提出抗议，要求以诽谤罪揪上法庭，举国上下就会掀起轩然大波，对其群起声讨。

俚语 | slang

广为流传的一种语言。他们把耳朵听来的话，再用舌头表达出来，自以为完成了什么壮举，却不知只是鹦鹉学舌，全无头脑、无价值的作为。

诡辩 | sophistry

对手的论战手法，和我们自己的相比，表现为更高明的虚伪和愚蠢。这也是希腊诡辩派哲学家的方式，这些人要教给人智慧、谨慎、科学和艺术——一句话，人所要了解的一切，可他们自己却陷在了诡辩和双关语的迷雾中什么也看不见了。

符号 | symbol

用以代表另一事物的东西。很多符号不过是一些残迹而已——一些不再有任何用途的东西，它之所以继续在世上流传，只是由于我们从古人那些遗传了制作它们的嗜好，比如，刻在纪念碑上的骨灰瓮就属于这类残迹。从前的骨灰瓮真是用来盛放死者的骨灰，我们没法不去塑制骨灰瓮，不过我们可以给它一个另外的称呼，来遮掩我们这种无可奈何的心态。

象征的 | symbolic

用于修饰或说明符号及符号的使用方法和解释。

他们说"良心感到内疚"，我认为这不过是胃的功能的一种体现。因为我注意到，对干了坏事的罪人来说，当他犯罪时，他的肚子会鼓起来，可以想象，是他那可怜的肠胃生了什么麻烦病症。我相信，唯一的罪人就是吃了一顿寒酸晚餐的人。

我们都知道，亚当选择了一个不恰当的时机偷吃了苹果，并因此受到了处罚。但这不过是一种象征性的说法：事实是，亚当不过是肚子痛而已。

印刷文字 | type

一种贻害无穷的重金属小不点，尽管它们在本书里劳苦功高，但也摆脱不了妄图摧毁文明的嫌疑犯身份。

俏皮话 | witticism

一种尖刻而机智的评价，一般是抄袭他人的，但很少被人发现，庸人们称之为"嘲笑"。

哲学哲理篇

结果 | effect

永远以相同顺序同时出现的两种现象中的第二种。其中，第一种现象被称为"原因"，据说正是"原因"引发了"结果"。不过这一做法，与一个除了见过追逐兔子的狗，再未见过其他狗的人，就直接宣布兔子就是狗出现的原因相比，也并没有多明智。

不相上下的 | equal

就是和其他东西一样糟糕。

平等 | equality

政治学中的一种假想的状态。在这种状态下，参与者按照人头计数，而不用参考智力，个人功绩都由抽签决定，惩罚也可能是一种优待。从逻辑上说，这一原则要求在当官为政和蹲监狱的循环轮换中——人人都享有平等的投票权，人人都享有平等的参政权，人人都享有平等的犯罪权。

未来 | future

一个我们的事业兴旺发达，我们的朋友忠诚可信，我们的幸福有依有靠的好时代。

本体 | noumenon

确实存在的事物，区别于模糊存在的事物，后者是一种现象。本体有点难以定位；只有通过推理过程才能理解它——这是一种现象。但是，本体的发现和阐释，为"哲学思想的无尽变化和快乐"提供了一个广阔的领域！让我们为本体的存在欢呼吧！

无所不在的 | omnipresent

一下子把所有的地方溜个遍。人是没有这个能耐的，就像某位爵士先生在议会的一次演讲上所宣称的那样："一个人不可能同时出现在两个地点，除非他是一只鸟。"

乐观主义 | optimism

一种理论，它相信每一种事物都是美妙的，包括那些丑陋的在内；每一种东西都是善的，那些恶的特别如此；每一种情况都是正确的，那些错误更是如此。那些习惯于处在灾难之中的人们对这种理论的实践有着伟大的毅力，他们往往用一种模拟微笑的龇牙咧嘴来阐明他们的坚强信念。由于这是一种瞎子的信仰，反驳的亮光是照不进去的——这是一种心灵紊乱，只有死神前来可保一次治愈。不过它可遗传给子女，但幸运的是它并不会四处传染。

尽善尽美 | perfection

一种想象出来的状态或性质，它凭一种被称为"卓越不凡"的要素区别于实际状况。这是批评家的一种德行。

一本杂志的编辑收到一封信，指责他的论点和文风的谬误，署名就是"尽善尽美"，该编辑在信尾批注："我不这样认为"，并将此信寄给他们评论家这一行当的泰斗。

悲观主义 | pessimism

乐观主义拿着衣着破烂者的希望四处招摇，带着让人不快的微笑左右逢源。这种令人沮丧的情形使悲观主义应运而生，不过这种理论是强加在其信奉者身上的。

哲学 | philosophy

许多条路缠结在一起，不知从哪里来，也不知将通向何方。

柏拉图式的 | platonic

苏格拉底哲学的附庸，所谓柏拉图式爱情是给处于性无能与性冷淡的尴尬之中的傻瓜取的绰号。

实证哲学 | positivism

一种否认我们对真实可以了解、证实我们明显无知的哲学。讲解得最冗长的是孔德，说得最明白的是英国人穆勒，讲得最深奥的是另一个英国人斯宾塞。

命定论 | predestination

一种理论，它主张所有的事都按上帝的设计出现。不要把命定论和宿命论混为一谈，后者认为所有的事情都是上帝计划好的，但它们并不一定会发生。这两者的差异大极了，它使论战的墨水在基督教世界泛滥成灾，因它而流的血就更不用提了。应该切记这两种理论的不同，虔诚地同时信奉两者，假如宽容有门的话，或许有希望逃脱毁灭。

准则 | principle

太多的人把它与利益混为一谈的东西。

皮洛怀疑主义 | Pyrrhonism

一种老掉牙的哲学，以其创立者古希腊人皮洛而命名。这种理论奉行者不信任皮洛怀疑主义以外的任何东西。但现在，连皮洛怀疑主义本身，也被它的摩登信徒列为值得怀疑的对象了。

激进主义 | radicalism

闯进当前事务中的未来的保守主义。

现实主义 | realism

只能描绘常理的艺术，癞蛤蟆眼里看到是什么样子就把它描绘成什么样。这是一股从一幅由鼹鼠画成的风景画所散发出的迷人气息，或是尺蠖写出的一个小故事。

现实 | reality

一个哲学疯子的梦，如果有人提取幽灵的成分，现实就是剩在坩埚里的残渣。它是空虚的基础。

推理 | reason

在欲望的天平上称量各种可能性。

自我 | self

天下最最要紧的人。

自知自明 | self-evident

自己明白自己，对其他任何人则糊里糊涂的。

自私 | selfish

一种只顾自己的想法与行为，其他人也都是这样。

成功 | success

一个对自己的朋友犯下不可饶恕罪行的家伙。

三段论 | syllogism

一种逻辑公式，由一个较大一点的"如果"、一个较小一点的"如果"和最后的"就"谬误地构成（参见"逻辑"词条）。

真理 | truth

体面和有望获利二者的梦幻组合。去发掘它是哲学的唯一目的，也是人类智力最古老的劳动，它理由十足地会日益兴旺发达下去，直至人类的末日来临。

神话传说篇

太阳神 | Baal

一个以各种各样的名字被人们崇拜的古代神。

酒神 | Bacchus

古人给酗酒找借口而随口编造出来的神。

丘比特 | Cupid

通常所说的爱之神。这个诞生于狂野幻想中的杂交物种，无疑是希腊神话中诸神罪恶的一种映射，也是所有丑陋、不合时宜的产儿中，最不合理、最令人反感的。

美惠三女神 | Graces

侍奉维纳斯的三位漂亮女神。她们的服务是无偿的，因为她们的住宿和衣着都无开销，毕竟她们的嘴只为了说话而存在，却不用吃任何东西；而她们的服饰则是跟随季节的变换，风儿吹来什么，她们就穿什么。

诺亚时代大洪水 | deluge

著名的第一次洗礼实验，成功地洗去了全世界范围内的罪恶和罪犯。

鬼 | ghost

内心恐惧的可见的外部体现。

地精 | gnome

北欧神话里，一种住在地球内部的矮小精灵，它们的任务是守护埋藏在地下的奇珍异宝。按现有资料推算，地精很可能在1764年就销声匿迹了。

巫婆 | hag

一个可能不太受欢迎的老女人，有时也被称为母鸡或猫。老巫婆、女巫之所以被称为巫婆，是因为她们相信她们的头上都罩着一道光或光环——这一名字就是偶尔能在她们头顶瞧见的那奇异之光的通俗叫法。

灵液 | ichor

男神和女神身上用以取代血液的一种奇妙的液体。

梦魇 | incubus

一种很不正经的魔鬼，也许时至今日还没有完全灭绝，它们昼伏夜出，风流快活。

朱庇特 | Jove

一个神话里的人物，被希腊人和罗马人荒谬地认作宇宙的最高统治者——他们真是对我们神圣的宗教一无所知。

忘川 | Lethe

一条流淌于地狱的河流，喝了它的水会使人忘记他们所知道的一切；反过来，喝了春之谷的水，除了第三条戒律（即不可妄称上帝之名）和圣母的虔诚告诫外，一切都忘不了。

财神 | mammon

世界上信众最广泛的宗教的神。其圣殿位于圣城纽约。

奥林匹亚 | olympian

源于希腊一座叫色萨利的山，它一度是众神栖身的圣地，如今变成了一座仓库，堆满了发黄的报纸、破烂的啤酒瓶和撬开的沙丁鱼罐头盒。它显示了观光客的势力及其胃口。

不在乎他那雷霆的威名，傻笑着的观光客，胆敢在智慧女神庙宇上胡乱涂鸦，在主神宙斯威震一时的奥林匹亚山留下了观光客的谩骂。

大混乱 | pandemonium

从字面意义来说，是所有恶魔居住的地方。不过魔鬼们现已离开此地，进入了政治和经济的领地，这个地方现在成了改革者的讲演厅。他的声音响彻在这座大厅时，从前那些魔鬼的回音就会纷纷恰到好处地做出呼应，那闹腾的劲儿让他顾盼自雄，觉得自己确实并非等闲之辈。

凤凰 | phoenix

产于阿拉伯沙漠的一种怎么也死不掉的鸟儿，它一跳进火里死去马上又复活；它也是现代各种"小热鸟"的经典样本。

火精灵 | salamander

原本是指一种栖息在火中的爬行动物，后来指一种具有人形且爱火耐火的神灵。据说，现在火精灵已绝迹了，最后一个火精灵被一桶圣水给浇死了。

魔鬼 | satan

上帝所犯的可悲错误之一。魔鬼撒旦原是一名天使，被任命为天使长之后，他的性情变得荒唐起来，想方设法去惹是生非，结果被上帝赶出天堂。

色情狂 | Satyr

出自希腊神话，并为希伯来文化所承认的一个家伙。他最初是酒神的跟班，是一个生性浪荡、沉迷淫乐的坏蛋，后来经历了很多转变，并有所改进。人们经常把他和农牧神混淆，这个农牧神是罗马人后来创造出来的，与其说他像个人，不如说是一头羊。

赛壬 | Siren

古希腊屈指可数的天才女歌手之一，因徒劳地试图用歌声阻挡大英雄奥德修斯继续海上旅游而为全世界所知。用于比喻，可指随便哪一个满心指望却装作若无其事、天真无邪，最后真的一无所得的女士。

气精 | sylph

在空气还是一种元素，没有被工厂的浓烟、阴沟的秽气及其他一些相近的文明产物弄脏之前，气精是空气中的一种有灵性的可见之物。气精与土灵、林妖和火蛇的关系极好，后三位分别生活在地里、水下和火中，现在它们变成了有损人的身体的四怪、四害。气精像天上的飞鸟一样，有公母之分，不过这种雌雄媾合，没有任何目的和结果，因为谁也没看见过它的后代，如果它真有子孙的话，那也一定藏到人类去不了的什么地方。

通灵学 | theosophy

一种古老的信仰，具有宗教的全部确定性和科学的全部神秘性。现代的通灵论者和佛教徒一样认为，我们在这个地球上生活的次数是无法计算的，因为一个人的生命不足以使我们的精神得到完全的发展；也就是说，一辈子不足以让我们变得像我们所希望的那样聪明和善良。绝对的智慧和善良，即为完美；而能力高超的通灵论者观察到，一切渴望改进的事物最终都会达到完美状态。能力较差的观察者则认为，应该把猫科动物排除在外，因为年龄对它们似乎并无影响，它们既不比去年更聪明，也不比去年更好。

巫女 | witch

1.一个丑陋可憎的老女人，她与魔鬼有某种邪恶的联盟关系。
2.一个美貌诱人的年轻女子，就其邪恶而言，魔鬼都输她三分。

宙斯 | Zeus

希腊诸神之首，罗马人尊他为朱庇特，现代美国人则把他当作上帝、黄金、暴徒和狗来供奉。据一些到过美国沿海，以及一位自称深入美国内陆的探险家说，这四种叫法分别代表诸多性格各异的神祇。不过后者在《永恒的信仰》一书中坚定地认为，美国印第安土著都是一神论者，他们崇拜的唯一神灵就是他们自己。

行动行为篇

潜逃 | abscond

用某种神秘的方式溜掉，通常都夹带着别人的财物。

缺席的 | absent

意味着暴露在他人的诋毁、中伤下；除蒙冤受屈之外，别无指望；通常也意味着必将被他人的关心和喜爱取代。

接纳 | accommodate

履行义务；为以后的勒索打下基础。

承认 | acknowledge

坦白。如实地承认彼此的错误，这是对真理的那份热爱所赋予我们的最高责任。

喝彩 | applause

对老生常谈的回应。

背后说人坏话 | backbite

在对方不知情的情况下，议论对方。

掉队 | back-slide

加入另一个团伙。

卑鄙的 | base

竞争者动机中必有的一种性质。

乞讨 | beg

怀以一种不可能被给予的信念，去要求某样东西。

举止 | behavior

也即行为。其决定因素，不是道德准则，而是所受的熏陶与教养。

遗赠 | bequeath

慷慨地给予一个人他不能拒绝的东西。

慷慨 | bounty

一个富有的阔佬，对一个一无所有的穷光蛋尽己所能去获得一切的一种尊重。

据说，一只燕子每年吃掉的昆虫约一千万只之多。窃以为，这些昆虫的供应，不正是造物主对其所创造生命的慷慨大方的一个标志性例子吗？

出生 | birth

所有灾难中最早出现的一个。

贿赂 | bribe

正是因为有它的存在，才使得加利福尼亚的立法委员能够依靠自己的收入过活下去。

无情的 | callous

内心极其坚韧，能忍受他人遭受种种痛苦与不幸。

博爱 | charity

一颗和蔼可亲的心。它让我们去宽恕他人的罪恶和恶习，而那也正是我们所沉迷的。

自负 | conceit

那些我们不喜欢的人的自尊。

妥协 | compromise

对利害冲突的一种调整。它使对抗的各方都感到满足，认为自己得到了本不该得到的权益，且除了他们应得的果实之外，也什么都没失去。

辩论 | controversy

一场战斗，一场用飞溅的唾液和漆黑的墨水，代替杀伤力巨大的炮弹和全然不懂怜悯为何物的刺刀的战斗。

贪污 | corruption

一种维持信任和利益的政治行为。

恭维 | compliment

有利息的贷款。

和解 | conciliation

与让步同义。

祝贺 | congratulation

彬彬有礼的一种嫉妒。

强迫 | compulsion

权力的雄辩。

慰藉 | consolation

得知某个更强的，却比你更不走运的时的感觉。

协商 | consult

就某个已经做好的决定，寻求别人的认可。

狡诈的 | cunning

把弱者（人或动物）与强者（人或动物）区分开来的一种能力。这种能力的拥有者，在享受着精神上的无穷快乐的同时，也必然承受着肉体上的无穷灾难。意大利的一句谚语很好地说明了这一点："皮匠得到的狐狸皮远比驴皮多。"

诅咒 | curse

用嘴巴连续攻击他人。这是文学作品中，特别是戏剧中最常见的一种活动，且对受害者的打击往往是致命的。但是，就人寿保险的费率来说，其影响力也是极小的。

决定 | decide

在关系到自身的各种力量角逐中，选择强者并跟随它。

一片树叶从树枝上落下，树叶说："我要回到大地的怀抱。"

一阵西风起，突然改变了树叶的方向，树叶说："我正想一路向东前行。"

转眼东风压倒西风，树叶说："现在正是我改变路线的时候。"

接着东西风鏖战，形势不明，树叶说："我应该暂时停留在天空中。"

忽然，风停了，猝然坠落中，树叶说："我要直奔我扎根的大地。"

最初的想法是最好的？不，这种思想是不道德的，选择才是最重要的，这没什么可争执的。

只是，不管你的选择多失败，你都无权置喙。

诽谤 | defame

对该说真话的人说谎话，对该说谎话的人说真话。

跳舞 | dance

在肆无忌惮的音乐声中跳来跳去，最妙的是搂着邻居的夫人或女儿跳。舞蹈有很多种，但那些男女两性同时参与的舞蹈，都有两个共同的特点：一是他们都是纯洁无辜的；二是邪恶的人们都热爱它们。

纠正 | disabuse

向你的邻居提出一个更好看点的错误，取代他自以为愿意接受的那个错误。

摆脱幻想 | disenchant

把灵魂从幻想的锁链中解放出来，好让真理的皮鞭可以肆意挥舞，把你揍得皮开肉绽。

反抗 | disobey

以适当的仪式庆贺一项已经瓜熟蒂落的命令。

桀骜不驯 | disobedience

黯淡无光的任人奴役之路上的一线曙光。

声名狼藉 | disrepute

哲学家惯常的状态，也是傻瓜惯常的状态，更是政客惯常的状态。

掩饰 | dissemble

为某一品质穿上一件干净的衬衣。

偷听 | eavesdrop

私下里听到他人的或你自己的犯下罪行。

驱逐 | ejection

一种广泛获准使用的治疗唠叨的措施，也常用于医治赤贫症。

赞美 | encomium

一种智慧的迷雾，透过它，人们看到的事物，优点都被放大了许多倍。

鼓励 | encourage

就是让傻瓜铁了心继续从事一种愚蠢的行为，一种刚刚开始伤害他的愚蠢行为。

累赘 | encumbrance

使财产变得一文不值，但并不影响其所有权。

犯错误 | err

相信我反对的观点，做我反对的事。

过错 | fault

我的一项罪行，与你不同的是，你的正在发生中。

忠诚 | fidelity

即将遭受背叛的人所特有的一种美德。

孝顺 | filial

慰问父母的钱袋。

奉承 | flatter

用自己的优点给他人留下一个深刻的印象。

禁止 | forbidden

被赋予一种新的、迷人的魅力。

预见 | foresight

一种特殊的、宝贵的能力，它让一位政客总能知道他的党派将会获胜——这与回顾是不同的，回顾有时会让他看到他也有灾难性的失败。

健忘 | forgetfulness

上帝赐予债务方的礼物，用以补偿他们良心上的欠缺。

宽恕 | forgiveness

一种使罪犯失去警惕性的计谋，以便在他下次冒犯时当场将其抓住。

逢场作戏 | flirtation

一种你不想要对方赌注却要输掉自己赌注的游戏。

突然抛弃 | flop

突然改变立场，投入另一党派的怀抱。

慷慨 | generous

这个词最初的意思是出身高贵，这样的人当然有很多；但现在的意思是指品格高尚，这样的人就微乎其微了。

绅士派头 | genteel

跟在时髦身后的男人，所表现出的优雅斯文。

欺诈 | gull

告诉辖区的人们：如果你竞选成功，就不再做贼了。

匆忙 | hurry

笨拙者的敏捷。

不谦虚的 | immodest

满脑子都是自己的优点，对别人的价值视而不见，充耳不闻。

移民 | immigrant

一个脑袋不开窍的家伙，竟然认为一个国家比另一个国家要好。

顽固 | impenitence

夹在犯罪事实与严厉处置之间的一种状态。

不得体的 | impropriety

仅次于粗俗的、最高程度的恶行。

轻率 | impudence

1.无耻和粗俗结合后，所生的发育不良和畸形的私生子。

2.某些行为的一种特殊魅力，如有罪的行为增添新的乐趣，并在某种程度上减轻良善者惹人厌烦的性格。

不相称 | inappropriateness

教堂里，正在开展神圣仪式时，狗子们却在追逐打斗着。

优柔寡断 | indecision

成功的主要因素。"要是啥都不做，就只面临一种选择，而想去做些什么，则面临多种抉择，无疑其中只有一种选择是恰当的，因此，相比奋勇前进的人，优柔寡断而裹足不前的人走入歧途的失败的概率会低很多。"——这是对优柔寡断的好处最令人惬意而清楚的解说。

不道德的 | immoral

即不公正的。从长期以来的及现有的大量案例来看，如果人们普遍认为它是不恰当的，那它肯定会被说成是错误的、邪恶的、不道德的。假如人类的是非观除了是否划算之外，还有任何其他基础，假如人类的行为本身，确有一种独立于其结果之外的道德品质——那么所有的哲学都只是谎言，而理性不过是偏执狂。

无瑕的 | impeccable

轻易发现不了的。

损失 | loss

失去我们曾拥有的，或是失去想要拥有却根本没有得到手的东西。从后一种意义上来说，一个落败的候选人"失去了选举"；还有某位著名诗人，他"失去了心智"。

奇迹 | miracle

一种背离常规、无法解释的行为或事件。例如，手握四张王牌和一个A的人，打败了持有4张A和一张国王的人。

更多 | more

虽然已经足够多了，但还是必须要比别人更多一点。

道德 | moral

就是与当地反复无常的是非标准保持一个调子，而这通常是有利可图的。

任人唯亲 | nepotism

为了符合政党的利益，聘请你的奶奶担任要职。

声名狼藉 | notoriety

竞争对手为了公共荣誉，相互争夺一番之后，最终所收获的声誉。这种声誉最容易为平庸之辈所获得和接受。它们就像是通往杂耍舞台的雅各布阶梯，供天使攀上攀下而用。

冒犯 | offensive

制造出来的令人抗拒的气氛，当一支军队向它的敌人挺进时正是如此。

起誓 | oath

在打官司时，有关人员对神的哀求。它控制住人的良心，是对作伪证的抢先处罚。

反对 | oppose

带着异议和障碍参与进来。

耐心 | patience

一种对装扮成美德的轻度失望。

消遣 | pastime

一种助长沮丧的手段，适于锻炼心灵脆弱者温文尔雅的方式。

夸夸其谈 | peroration

雄辩的烟火升空引爆。它光芒四射，令人眼花缭乱。但是，对一个不想把耳朵浪费在这些夸夸其谈上的家伙来说，给他留下最深印象的是，这份夸夸其谈背后潜藏的心机。

不屈不挠 | perseverance

一种低等的品德，平庸的人凭借它取得并不荣耀的成功。

怜悯 | pity

由对比激发的因祸不及身而产生的一种失落感。

剽窃 | plagiarism

文学作品的一种巧合，以丢脸开始，以荣誉告终。

鼓掌 | plaudit

公众对逗乐他们并贪婪注视着他们的那些人，抛下的一堆虚拟的硬币。

讨好 | please

为敲诈勒索上层人士而做的投资。

殷勤 | politeness

最易被人接受的虚伪。

主持 | preside

深思熟虑地引导一个的团体活动，让它达到称心如意的效果。

匮乏 | privation

就没有什么可值得埋怨的了。

列队前进 | procession

集结在一块儿的傻瓜所形成的人流，这帮傻瓜兴致勃勃，却不知道自己去开拓的是一种荒唐的事业。

预言 | prophecy

先出售信用，将来再交付货物——预言就是这样的一种艺术和业务。

劝解 | propitiate

见人被一个力大如牛的混蛋从背后扼住，劝他让着这混蛋一点。

惩处 | punishment

正义几乎忘了怎么使用的一种武器。

推 | push

助人成功的两个窍门之一，在政务中尤其如此。另一个窍门是"拉拢"。

迷惑 | puzzle

像法律的圈套。

通情达理的 | reasonable

能接受我们的提议，容易接受劝阻和借口的。

补偿 | redress

一种让人心有不甘的赔偿。

休息 | relaxation

把今天的损失算清后，估一估明天的收益。

毁灭 | ruin

去破坏，特别是指去破坏少女对处女贞操的信念。

偿还 | reparation

对所做坏事的清偿，是从做坏事时所得的快感中扣除出来的。

训诫 | sermon

在讲坛上丢人现眼，出丑卖乖。

瞒骗 | sham

官员的职业，医生的学问，编辑的资格，教士的信仰……一句话，全部文明世界。

拿 | take

获取，一般是诉诸武力，不过用偷的方式，效果更好。

说话 | talk

这种行为如果不谨慎，会惹出麻烦。它不是受到一种蛊惑，纯粹是毫无目的的发泄冲动。

紧握 | tenacity

人的手在与钱币交往时表现的一种状态，它在大权在握的手中力量已达到了登峰造极的境界，并且可以为政治生活作最为周到的服务。

美德 | virtue

某种节制。

咒骂 | vituperation

仅有傻瓜所能理解的讽刺。

按Z字形前进 | zigzag

从这一边到那一边，摇摇晃晃、不确定方向地前进，就像大家一起搬运圣人那样（出自zed、z，及jag——一个含义未知的冰岛单词）。

法律罪案篇

绑架 | abduction

1. 从法律上说，这是一项罪行；从道德上说，这是一种惩罚。
2. 一种不曾事先沟通或通知的邀请。

谬论 | absurdity

1.与己方观点明显不一致的言论或信仰。
2.对手的论点。一种尚未经受不幸的教导的信仰。

意外 | accident

在不可改变的自然法则的作用下，不可避免地发生的事件。

同谋 | accomplice

1. 明知犯罪，仍当帮凶，和罪犯一起犯案的人。正如律师明知罪犯有罪，仍为他辩护一样。截至目前，对律师的这一看法还未得到律师们的认可，因为还没有人主动付费去征求他们的认可。

2. 商业伙伴。

指控 | accuse

断言他人有罪或卑劣，通常作为我们冤枉他人的正当理由所用。

指控者 | accuser

一个人曾经的朋友，尤其是过去曾向他施以援手的人。

申诉 | appeal

一种把骰子放入盒中，再掷一次的法律行为。

逮捕 | arrest

正式拘留一个被指控不够寻常的人。

敲脚刑 | bastinado

让人毫不费力地在木棒上跳来跳去的方法（专打脚心的残忍刑罚）。

法人 | corporation

一种巧妙的设计，确保个人可以用它获利，却不用承担任何罪责。

免罪 | exonerate

在一系列的恶行和罪行中，某些特定的罪行或恶行遭到意外遗漏的一种演出。

断头台 | guillotine

一种让法国人有充分的理由耸耸双肩的机器。

欺诈 | fraud

商业的命根子，宗教的灵魂，爱情的魅力，政权的基石。

绞刑架 | gallows

表演奇迹剧的舞台。在这里，剧中的主角灵肉得以分离，灵

魂得以进入天堂。在美国，绞刑架最引人注目的是——有那么多
人得以逃脱绞刑。

贫民诉讼 | forma pauperis

以穷人的身份——一种允许诉讼当事人在不付律师费的情况
下败诉的方法。

罪行 | guilt

做下的轻率行为已经为人所知后的状况，相比之下，善于用
计谋遮掩自己行迹的人，是从来不会有这种麻烦的。

人身保护令 | Hobeas Corpus

当一个人因错误的罪行被监禁时，法院开出的一纸文书，在
这一文书的要求下，他可以被带出监狱。

免罪 | impunity

和"财富"同义。

伤害 | injury

用以表达憎恨之意，仅次于轻蔑的冒犯。

无辜 | innocence

辩护律师把陪审团搞定之后，一个罪犯的状态和状况。

法官 | judge

一个总是干预那些与他本人利益无关的争论的人。

正义 | justice

国家向公民出售的一种商品，或多或少带有掺假成分，作为对其忠诚、税收和所服劳役的奖励。

合法的 | lawful

与有管辖权的法官保持一致的想法。

遗产 | legacy

一个正在逃离这个尘世的人所送的一份礼物。

诉讼当事人 | litigant

一个舍弃脸面，希望能保住筋骨的人。

诉讼 | litigation

一种让你像猪一样进去，然后像香肠一样出来的机器。

蓄意杀人罪 | homicide

一个人被另一个人杀害了。一般来说，杀人罪有四种类型：重罪、可原谅的、正当的和值得赞扬的；但对被杀者来说，他死于何种原因，并无任何区别——但这种分类对律师来说区别可就大了，直接关系到他们的利益。

调解 | mediate

两面插嘴。

轻罪 | misdemeanor

一种轻微触犯法律的行为，不像重罪那样能获得很多关注，还没有进入（犯罪的）上流社会的权利。

公开批评 | pillory

一种培养人的个性的机械装置，现代报纸的早期形成，由德行严谨、无可指摘的人主持。

惯例 | precedent

从法律上而言，这是成文法规确立之前就有了的决定、规章或作法，它们具备法官可能赋予它的任何效力与权威，它们的存在大大地降低了法官的劳动强度。有惯例可循使法官们心安理得。由于每做一件事都有惯例可循，因此，法官要做的事，就是对那些与他们利益相冲突的东西视而不见，突出强调那些合乎他们心愿的东西。惯例这一发明极大地促进了法庭的判决水平，使它从原始的、飘忽的神裁法发展成为高贵的、可以人工控制的人裁法。

占有 | possession

A凭借否决B来掠夺C的财产，使自己的财产日渐膨胀的权力。它是法律的全部精髓。

长子继承权 | primogeniture

一种奇特的法律。按照这种法律的规定，一只母鸡应该把所有的毛虫都喂给那个首先破壳而出的小鸡。

监狱 | prison

一个既有处罚同时也有奖励的地方。

基本人权 | privilege

就是你没有预先向人贿赂，他却允许你呼吸空气。

证据 | proof

看起来相对可信的证据。两个可靠的目击者的证词应比一个证人的证词更为可靠。

公众 | public

在法律问题中一个可以略而不计的部分。

法定人数 | quorum

一群经过密谋的家伙在议会中能够自行其是、为所欲为的人数，当然，这个人数要尽可能多。在参议院，它必须有经委会主席和白宫信使参与其中，在众议院，它则必须包括演说的家伙和骚扰的混蛋。

引证 | quotation

被错误地重复的另一个人的话，这话本身是一错再错的谬误。

严刑拷打 | rack

一种用来论战的手段，古代常用于劝戒被邪恶信仰蛊惑的人，促使他改邪为正，投入活生生的真理的怀抱。不过作为一种感化，严刑拷打从未有过任何特殊的功效，因此现代人对它不是那么看重了。

赎金 | ransom

购买既不属于卖主也不属于买主的东西。这是一种最不划算的投资。

巧取豪夺 | rapacity

一种没有实业为基础的深思熟虑，它使得权势滋生繁荣起来。

无赖 | rascal

价值观和大家不一致的人，可以把他当成傻瓜。

流氓活动 | rascality

强硬好战的蠢人。智力迟钝的活动。

缓刑 | respite

暂时不处决已被判罪的暗杀者，以便让行政长官判定谋杀是不是由检察官策划的。让人难熬的期待突然破灭，这也是一种缓刑。

报仇 | retaliation

用来建造法律神殿的基石。

绞索 | rope

一种正在抛弃的用具，它警示刺客们他们自己也是会死的。它通常套置在刺客的颈子上，而且在整整一代人的生命那么长的时间里一直让他挂在那儿。现在绞索已大批地被一种复杂得多的电气装置取代了，这套用具是套在人体的另一部位的。不过，这种新玩意不久又被会淘汰，因为一种叫"说服教育"的机器正方兴未艾。

审判｜trial

一种正式的调查、讯问行动，其目标是要证明法官、律师和陪审团的清白无辜。为了达到这个目的，有必要指控一个被称为被告、囚犯的人有罪，以便与法官、律师、陪审员的清白干净形成对比。如果指控成功的话，被告就不得不承受种种巨大痛楚，而上述有道德的绅士们则会因祸不及身而感到无比快慰，同时也会让他们感受到自己存在的意义。在当代，被指控的通常是一个人，一个社会主义者。但在中世纪，动物、鱼类、爬行动物和昆虫都曾被送上审判台。那时，每一头夺去了人的生命或施了魔法的野兽，都遭受了正式逮捕、审判，如若被判有罪，则会被公共刽子手处死。破坏谷物、果园或葡萄园的昆虫，被律师传唤到民事法庭提出上诉，在作证、辩论和谴责之后，如果昆虫仍不迷途知返，就会被带到高等教会法庭，在那里它们会被严肃地逐出教会并受到诅咒。

◎ 民主与建设出版社，2023

图书在版编目（CIP）数据

万物奇葩说 /（美）安布鲁斯·布尔斯著；赵晓鹏
译. -- 北京：民主与建设出版社，2023.10
ISBN 978-7-5139-4252-2

Ⅰ.①万… Ⅱ.①安… ②赵… Ⅲ.①人生哲学—通
俗读物 Ⅳ.①B821-49

中国国家版本馆CIP数据核字（2023）第155984号

万物奇葩说
WANWU QIPASHUO

著　　者	［美］安布鲁斯·布尔斯	
译　　者	赵晓鹏	
责任编辑	郭丽芳　周　艺	
封面设计	张景春	
出版发行	民主与建设出版社有限责任公司	
电　　话	（010）59417747　59419778	
社　　址	北京市海淀区西三环中路10号望海楼E座7层	
邮　　编	100142	
印　　刷	运河（唐山）印务有限公司	
版　　次	2023年10月第1版	
印　　次	2023年10月第1次印刷	
开　　本	880mm×1230mm　1/32	
印　　张	11	
字　　数	260千字	
书　　号	ISBN 978-7-5139-4252-2	
定　　价	59.80元	

注：如有印、装质量问题，请与出版社联系。

万　物　奇　葩　说